城市园林绿化品质研究

颜国栋◎著

吉林人民出版社

图书在版编目（CIP）数据

城市园林绿化品质研究/颜国栋著. -- 长春：吉
林人民出版社, 2024. 12. -- ISBN 978-7-206-21769-2

Ⅰ. S731

中国国家版本馆 CIP 数据核字第 2025CL9247 号

责任编辑：李相梅
封面设计：王　洋

城市园林绿化品质研究
CHENGSHI YUANLIN LÜHUA PINZHI YANJIU

著　　者：颜国栋
出版发行：吉林人民出版社（长春市人民大街 7548 号　邮政编码：130022）
咨询电话：0431-82955711
印　　刷：三河市金泰源印务有限公司
开　　本：787mm×1092mm　　　　1/16
印　　张：13　　　　　　　字　　数：240 千字
标准书号：ISBN 978-7-206-21769-2
版　　次：2024 年 12 月第 1 版　　印　　次：2024 年 12 月第 1 次印刷
定　　价：78.00 元

前　言

在城市的发展进程中，绿化扮演着至关重要的角色，它是提升城市品质的关键所在。增加绿化面积不仅能显著提高空气质量，吸附有害物质，减少空气污染问题，还能有效提升居民的生活水平。此外，绿化工程有助于调节城市气候，缓解热岛效应，降低城市的温度，优化城市的生态环境。同时，城市绿化还能扮靓城市景观，增强城市吸引力，吸引游客和投资，推动城市经济的蓬勃发展。绿化不仅是城市文明的重要体现，更是实现城市可持续发展的坚实基石。

随着绿色发展理念在全球范围内受到越来越多的重视和推广，各国城市纷纷将园林绿化作为提升城市风貌和居民生活质量的关键途径。在这样的背景下，国际的交流与合作变得更加频繁，各国之间通过交流经验、技术和资源，共同促进城市绿化的进步。比如，我国与新加坡、德国等国家在园林绿化的领域进行了众多合作项目，为全球城市绿化提供了宝贵的借鉴。同时，国际组织和机构在推动全球绿化合作与交流方面也发挥了重要的促进作用。这些国际合作的成功范例，既为城市园林绿化的持续发展提供了有益的参考，也为未来绿化工作的发展方向提供了指引。

在创作本书的过程中，我们广泛搜集并借鉴了众多书籍和学术论文，力求呈现一部内容丰富、通俗易懂的佳作。然而，受限于主客观因素，书中可能仍有疏漏和不足之处。我们衷心期待广大专家、学者以及业界朋友不吝赐教，为我们提出宝贵的意见和指导，共同推动本书的不断完善与进步。

目　录

第一章　城市园林绿地的功能

随着科技的进步和人们生活质量的提升，我们对城市园林的价值有了更深入的理解。概括而言，城市园林的功能主要涵盖生态环境、使用需求和审美提升三个方面。特别是在工业化加速发展和人口城市化进程中，城市环境污染问题日益严峻，促使人们更加重视生态环境的维护。自 20 世纪 70 年代初开始，全球范围内掀起了环保运动的热潮。例如，美国学者麦克哈格在该时期提出了《设计结合自然》的理念，强调在尊重自然法则的前提下，构建人与自然和谐共生的人工生态系统。在欧洲，1970 年被命名为"欧洲环境保护年"，随后在 1971 年 11 月，联合国召开了人类与生物圈计划（MAB）的国际协调会议。1972 年 6 月，斯德哥尔摩举行了首届世界环境大会，并通过了《人类环境宣言》。此后，世界各国纷纷制定环保法规，我国也在 1979 年颁布了《中华人民共和国环境保护法（试行）》。实践证明，园林绿化在环境保护和污染防治方面具有极其重要的作用，其重要性主要体现在以下几个方面。

第一节　园林绿地的作用

一、净化空气、水体和土壤

（一）吸收二氧化碳、放出氧气

在呼吸作用中，人类会释放大量的二氧化碳。通常情况下，大气中的二氧化碳浓度保持在 0.03% 左右。但在工厂密集、人口众多的城市地区，二氧化碳排放量明显增加，浓度可能上升到 0.05%—0.07%，有些地方甚至能达到 0.2%。当二氧化碳浓度达到 0.05% 时，人们会感到呼吸困难；如果浓度增加到 0.2%，可能会出现头晕、耳鸣、心悸、血压升高等症状；而当浓度高达 10% 时，人可能会迅速失去意识，呼吸停止，甚至导致死亡。随着工业化的不断发展，大气中的二氧化碳含量呈现持续增长的趋势，这一现象已经引起了众多科学家的关注和担忧。

氧气是人类生存不可或缺的元素，在正常情况下，大气中的氧气浓度保持在21%左右。但是，如果大气中的氧气浓度降至10%，人们可能会遭受恶心和呕吐等不适症状。

在光合作用过程中，植物会吸收二氧化碳并释放氧气；而在呼吸作用中，它们吸入氧气并排出二氧化碳。值得注意的是，植物通过光合作用摄取的二氧化碳量是其呼吸作用排放量的20倍。因此，总体来看，植物有效地降低了大气中的二氧化碳浓度，同时提升了氧气含量，与人类活动相互作用，共同维持着生态平衡。

（二）吸收有害气体

空气中的有害气体种类众多，主要包括二氧化硫、氯气、氟化氢、氨气，以及汞和铅的蒸气等。尽管这些气体对园林植物的生长造成负面影响，但在一定的浓度范围内，许多植物展现出吸收这些有害气体的能力，进而帮助净化空气。在这些有害气体中，二氧化硫因其排放量大、分布广泛及危害严重而尤为引人注意。无论是煤炭还是石油的燃烧，都会产生二氧化硫，特别是在工业城市，空气中的二氧化硫浓度普遍较高。研究表明，植物吸收二氧化硫的主要部位是叶片表面，因为植物叶片具有较强的吸收能力。硫是植物生长所需的一种基本元素，当植物处于二氧化硫污染的环境中时，其体内硫的含量可增加至正常水平的5—10倍。随着植物叶片的自然老化和脱落，所吸收的硫也会随之被清除。这个过程与树木的新陈代谢相伴随，即新生长的叶子会继续吸收二氧化硫，而老化的叶子则会脱落并带走吸收的硫。因此，在靠近有害气体排放源的地方，选择种植那些对污染具有较强抵抗能力和良好吸收效果的树种，对于减轻环境污染、改善空气质量具有重要意义。

（三）吸滞烟灰和粉尘

城市大气中的尘埃、油烟、炭粒等微小颗粒虽然个体体积不大，但在整体上却构成了相当大的质量。这些微小的颗粒能够通过呼吸进入人体肺部，并可能沉积在肺细胞上，长期处于这样的环境可能导致气管炎、支气管炎、尘肺病和矽肺病等多种疾病。例如，1952年英国伦敦的"烟雾事件"就是由于大量燃煤产生的粉尘污染，导致四千多人死亡，引起了全球的震惊。高浓度的灰尘对精密仪器制造业等现代行业产生了不良影响。植物，尤其是树木，在净化空气方面发挥着关键作用。一方面，树木通过其密集的枝叶减缓风速，有助于较大颗粒物的沉降；另一方面，树叶表面的粗糙结构、茸毛和某些植物分泌的黏液能有效吸附空气中的尘埃。经过雨水冲洗，植物表面的尘埃被清除，其吸尘功能得以恢复，进而持续净化空气质量。

绿色植物具有极大的叶面积，远远超出其树冠所覆盖的地表面积。比如，森林的总叶面积可以达到其占地面积的 60—70 倍，即便是茂盛的草坪，其叶面积也是地面面积的 20—30 倍。因此，这些植物具备卓越的吸尘功能。树木的除尘能力会受到树冠高度、总叶面积、叶片大小、叶片排列角度和表面粗糙度等因素的影响。而草地的茎叶除了与树木类似，能够吸附尘埃外，还能固定地表尘土，防止被风吹散。

由此，我们可以清楚地知道，构建城市工业区与居住区之间的绿色卫生防护林带，提高绿化覆盖率，积极植树造林和铺设草坪，是减轻粉尘污染的有效措施。

（四）减少空气中的含菌量

在城市人口密集的区域，空气中悬浮着大量的细菌。绿化植被在减少这些细菌数量上扮演了至关重要的角色。

一方面，绿色植被有助于降低空气中的尘埃含量，从而减少附着在尘埃上的细菌数量；另一方面，众多植物能够自然释放出具有杀菌功能的物质，这进一步增强了空气的净化效果。

（五）净化水体

城市与城郊的湖泊、河流经常受到工业排放和生活废水的污染，这些污染问题对自然环境和人体健康产生了严重的不良后果。然而，植被绿化在污水处理方面发挥着重要作用，植物可以吸收水中的营养物质，并有效降低水中的细菌含量。许多水生和湿地植物在清除污水方面表现出了极高的效能。实际上，一些国家已经在污水处理过程的最后阶段引入芦苇，以进一步提升水质。

（六）净化土壤

植物的地下根系能吸收大量有害物质而具有净化土壤的能力，有植物根系分布的土壤中好气性细菌的数量比没有根系分布的土壤中的数量多数百倍至数千倍，其能促使土壤中的有机物迅速无机化，既净化了土壤，又增加了肥力。因此，城市绿化不仅能改善地上的环境卫生，还能改善地下的土壤卫生。

二、改善城市小气候

植物的根系深入地下，具备强大的吸附有害物质的能力，对于土壤的净化作用极为显著。在有植物根系分布的土壤里，好气性细菌的数量相比无根系土壤中的数量要高出数百至数千倍。这些细菌能够促进土壤中有机物质的无机化，不仅有效地清洁了土壤，还增强了土壤的肥力。因此，城市的绿化事业不仅对地面环境卫生的提升有所帮助，同样也给地下土壤卫生条件的改善带来了积极的影响。

（一）调节气温

城市小气候受到物体表面温度、空气温度及太阳辐射温度的显著影响，其中空气温度对人的舒适感尤为重要。在绿地区域内，地面温度通常低于周围的空气温度，而道路、建筑物和裸露土壤的表面温度则通常高于空气温度。特别是在夏季，人们在树荫下与直接暴露在阳光下的感受温度差异显著，这种温差不仅来源于3℃—5℃的空气温度变化，更主要的是由于太阳辐射温度的不同所致。茂密的树冠可以阻挡50%—90%的太阳辐射。除此之外，大面积的绿化不仅带来局部气温、地表温度和辐射温度的变化，对于整个城市的气温调节也有着更加重要的作用。

宽敞的绿地和广阔的水面在调节城市气温方面发挥着重要作用，是导致郊区温度通常低于市中心的关键因素之一。因此，为了改善城市气候条件，应在城区及周边，特别是温度较高的区域，积极推行植树造林，增加绿化覆盖率。具体措施包括将所有裸露地面覆以植被，并探索在建筑的屋顶和墙面实施绿化，以此来有效优化城市的气候环境。

（二）调节湿度

当空气的湿度较大时，人们常常会感到疲惫和无力；而当湿度偏低时，又容易感到干燥和焦躁不安。一般认为，30%—60%的相对湿度是人体感觉最舒适的范围。由于绿化植物具有较大的叶面积，因此它们能持续地向空气中释放水分，进而增加空气的湿度。绿化植物在调节空气湿度方面起到了至关重要的作用，与它们共同构成的绿地，为人们提供了舒适凉爽的气候环境。

（三）通风防风

绿地的设置在降低风速方面发挥着重要作用，尤其在风速较大时更为突出。气流穿过绿地时，树木通过阻挡、摩擦和筛选等作用，将气流分解为许多小旋涡，从而消耗了气流动能。将绿地布局在城市的迎风面，并沿着主要风向进行垂直排列，有助于有效减轻冬季强风的冲击。而在夏季，与城市主要风向一致的带状绿地以及由街道两侧树木形成的绿色通道，可以作为空气流动的通道，增加空气流速，将郊外的清新空气引入城市中心，从而显著提高城市空气质量。

三、保护生物多样性

生物多样性涵盖了某一地区乃至全球的所有生态系统、物种和基因的多样性。城市绿地系统不仅能保护多样的植物种类及其遗传特性，还增加了城市生境的多样性，为野生动物提供了必要的生存条件，进而有效促进了生物多样性的保护。

四、降低城市噪声

汽车、火车、飞机以及工厂和建筑工地产生的噪声，频繁地干扰城市居民的生活，对人们的身心健康造成严重影响。轻者可能会感到疲劳，工作效率下降；重者则可能诱发心血管疾病或中枢神经系统的问题。植物，特别是成片的林带，在减轻噪声污染方面扮演着重要角色。树木能够有效减弱噪声，其机制在于声音接触到树叶后会被反射到不同方向，同时树叶的轻微震动会消耗掉部分声波能量，从而达到减弱噪声的效果。噪声的减弱程度与林带的宽度、高度、位置、布局方式及树木的种类等因素紧密相关。

五、安全防护

园林绿地不仅具备防震防火的作用，同时还能储蓄水分、维护土壤、防御放射性污染，并且具有备战防空等多重效益。

（一）防震防火

在历史上，绿地的防震和防火功能并未得到充分认识。然而，1923 年 1 月日本关东大地震及随之而来的火灾，却让城市公园意外地成为市民的紧急避难地，从此公园绿地被赋予了保护市民生命财产安全的重任。比如，1976 年 7 月，北京因唐山地震的影响，15 处公园绿地，总面积超过 400 公顷，成功疏散了 20 多万居民。通常情况下，树木不易在地震中倒塌，可用来搭建临时的避震庇护所。我国许多城市位于地震带，因此在设计这些城市的居住区绿地时，应充分考虑其避震、疏散和庇护所的功能需求。另外，许多绿化植物的枝叶含水量高，能有效阻止火势的蔓延和火花的飞散。例如，珊瑚树即使叶片全部烤焦也不会燃烧，银杏在夏季即使叶片全部烧尽也能重新发芽。厚皮香、山茶、海桐、槐树、白杨等树种也是防火的优良选择。因此，在城市规划中，应将绿化看作是阻止火灾扩散的自然屏障和市民的避难场所。我们需要统一规划城市公园、体育场、游乐场、广场、停车场、水体和街坊绿地等，合理布局，打造一个完整的避灾绿地空间体系。

（二）防御放射性污染和有利备战防空

绿化植物具有多方面的防护作用，它们能有效吸收和过滤空气中的放射性颗粒，缓解光辐射的影响，还能减少冲击波的破坏作用，防止碎片飞散导致的二次伤害。此外，茂密的植被层还为关键建筑、军事设施及保密机构提供了重要的屏蔽防护。因此，增加城市绿地面积是提升防御放射性污染和增强城市防空能力的重要手段。特别是在安全防护要求较高的区域，种植密集的树木可以发挥更为显著的防护作用。

（三）蓄水保土

绿地凭借其茂密的地表植被和强健的地下根系，在稳固土壤、遏制水土流失方面展现出卓越的功效。它在维护自然景观、促进水库建设，以及预防山体滑坡、河岸侵蚀、河道淤积和泥石流等灾害方面扮演着不可或缺的角色。尤其在城市园林和绿地系统中，其在水土保持方面的重要性尤为突出。树叶能够有效减缓暴雨对地面的冲击力，草地覆盖地表以抵御水流的侵蚀，植物的根系则起到固定土壤、巩固地基的作用，防止沙土和碎石流失，进而降低水土流失的风险。在降雨过程中，约15%—40%的雨水被树木的枝叶截留，最终蒸发回大气中，另有5%—10%的水分通过地表蒸发消失。地表径流的比例极小，通常不超过1%。相反，高达50%—80%的降水量会被林地表面的松散枯枝落叶层吸收，并缓缓渗入土壤，形成地下径流。这些水分在穿越土壤和岩石层的过程中不断得到净化，最终流向低洼地区或形成泉水、溪流等水体。

第二节　园林绿地的使用功能

城市园林绿地与周边区域的社会体系、历史沿袭、民族特色、科技文化素养、经济繁荣程度及自然地理条件密切相连，成为城市居民生活中必不可少的组成部分。这些绿色空间不仅彰显了自然之美，也反映了当地的社会情感和精神面貌。它们不仅为市民提供了放松身心、亲近自然的环境，还在改善城市生态环境、提升居民生活质量方面发挥着至关重要的作用。

一、日常游憩娱乐活动

人们在日常生活中追求休闲与放松，休闲活动大致可分为动态和静态两大类，涵盖娱乐文化、体育锻炼、儿童游乐及宁静休憩等多种形式。在风景宜人、空气新鲜的城市绿地上，市民可以尽情参与各类休闲活动，舒缓心情，享受生活乐趣。这些活动对体力劳动者而言，有助于缓解身体疲劳，焕发活力；对脑力劳动者来说，则能丰富生活体验，激发创新思维，提升工作效率；对孩子们来说，它们不仅有助于培养勇敢、活泼、敏捷的个性，还能促进身心健康成长；而对老年人而言，这些绿地是他们享受自然、保持活力、延年益寿的理想之地。因此，在园林绿地设计规划中，应充分考虑不同人群的休闲需求，合理划分活动区域，配备相应设施，并精心设计活动内容，以营造一个健康、舒适的大众休闲环境。

二、文化宣传、科普教育

城市园林绿地不仅是供人们休闲放松的场所，更是承载文化和科普教育功能的关键区域。一方面，通过举办书画、摄影、雕塑及手工艺品等各类展览活动，使这些绿色空间有助于提高公众的艺术鉴赏力和文化修养；同时，展示历史遗迹和前沿科技成果，不仅丰富了人们对历史文化的认知和对科技的兴趣，也有助于塑造崇高的情感品质。另一方面，孩子们在这些绿色环境中频繁互动，能更直接地感受自然的神奇，这种体验式的学习方式有助于弥补课堂教学的不足，激发他们对自然科学的好奇心和探索精神。因此，城市园林绿地对于推动公共文化进步和科学知识普及具有不可或缺的作用。

三、为旅游等第三产业服务

我国幅员辽阔，自然风光旖旎，文化底蕴丰富，各地散落着众多珍贵的文化遗产和知名的园林艺术作品。伴随着国家建设的快速推进，旅游业的设施和条件日趋完善。随着国民生活水平的稳步提升，国内旅游市场呈现出生机勃勃的态势。运用科学的经营管理和市场营销策略，我们可以把城市的生态资源转化为经济效益，进一步促进商业、房地产和旅游等服务业的迅猛发展。这一过程不仅为地方经济增添了新的活力，也为提升城市形象和居民生活品质注入了积极的能量。

四、休、疗养的基地

风景区凭借其秀丽的自然景色和宜人的气候条件，成为人们放松、修养身心的绝佳去处。世界各国在区域规划时，常常会选择那些拥有独特地理特色的地区，如绵延的海岸线、巍峨的山区或富含矿物质的温泉地带，将其发展成为人们疗养的优选地。在中国，不少自然景区也被改造成疗养胜地。从城市规划的视角来看，通常在这些景区周围，如葱郁的森林、波光粼粼的湖泊等地，建立疗养机构。这样的规划不仅充分利用了自然资源，也让城市居民能够方便快捷地享受到高水平的休养和疗养服务。

第三节　园林绿地的美化城市功能

城市园林绿地不仅美化了城市景观，提升了城市的外观魅力，而且在艺术层面也具有重要意义。其景观价值主要体现在以下三个方面：首先，它能够有效优化城市面貌，创造更加舒适宜人的居住环境；其次，通过巧妙规划的园林艺术

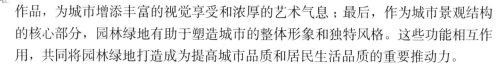

作品，为城市增添丰富的视觉享受和浓厚的艺术气息；最后，作为城市景观结构的核心部分，园林绿地有助于塑造城市的整体形象和独特风格。这些功能相互作用，共同将园林绿地打造成为提高城市品质和居民生活品质的重要推动力。

一、美化市容

城市的道路和广场绿化在塑造城市风貌上扮演着至关重要的角色。绿意盎然的园林不仅为城市增添了美感，还能通过植被覆盖遮掩不和谐的景象，使城市显得更加整洁与生机勃勃。此外，街道两旁的绿化广场不仅为行人提供了临时休憩的场所和观赏街景的空间，更有助于优化城市空间结构，注入绿色生机，进一步提升城市环境的审美价值。这种绿化设计不仅美化了城市外观，还为市民打造了更加舒适和宜居的生活环境。

二、增加艺术效果

城市中的园林绿地以其斑斓的色彩和别具一格的形态，为城市建筑群的天际线勾勒出灵动的轮廓，增强了整体景观的艺术韵味，实现了城市环境在统一与多元之间的和谐统一。这些绿色的角落不仅为繁忙的都市生活注入了一抹田园气息，打造了一个宁静而雅致的休憩之地，还使市民在喧嚣的城市节拍中寻得心灵的安宁，体验到了身心愉悦的美好时光。园林绿地不仅美化了城市面貌，更大幅提升了居民的生活幸福感。

三、参与城市景观意象组成

城市园林绿地是塑造城市风貌的关键组成部分，它在通道、边界、区域、节点和标志这五个维度上扮演着不可或缺的角色。具体而言，如景观道路、滨水公园、市区绿地、关键性地块的绿地，以及那些具有显著识别性的景观区域，都是构成城市独特景观特色的重要元素。这些绿色空间不仅美化了城市环境，还通过其独特的设计与功能，提升了城市结构的识别度和吸引力，对于塑造城市整体形象和增强居民归属感具有极其重要的作用。

第二章　城市绿地系统规划

在城市规划的整体框架中，城市绿地系统规划占据了不可或缺的重要地位，作为城市总体规划的一个关键环节，它专注于细化城市布局的专业领域。该规划的核心任务是在城市总体规划和用地规划的基础上，合理布局多种功能性的园林绿地，目的是优化城市的微气候条件，提高居民生活和工作环境的品质，力求打造一个既美观宜人又适合居住的城市空间。通过精细化的绿地规划，我们能够促进城市绿地系统的科学布局，助力生态平衡的构建，进而显著增强城市居民的生活水平。

城市规划中，城市绿地系统肩负着关键职责，它基于全面深入的调研与分析，严格遵循城市总体规划中确定的城市定位、发展愿景及土地利用规划等原则。该职责旨在科学制定各类绿地的发展标准，合理规划城市及其周边园林绿地的建设与空间配置。其核心目标是通过有效保护与优化城市生态环境，提高居民生活质量，推动城市的可持续发展。通过精准的布局设计，城市绿地不仅要美化城市景观，还要在生态保护和环境改善方面起到关键作用，从而全面提升城市综合实力和居民的幸福感受。

城市规划与园林管理部门，连同工程技术领域的专家们，通常会携手并肩，共同投身于城市绿地系统规划的编制工作中。这项规划最终将成为城市总体发展规划的一部分，其编制流程强调各部门间的沟通与配合，目标是确保规划方案既科学合理，又能满足城市发展的实际需要。通过跨部门的协作，城市绿地系统规划得以优化，并进一步促进城市生态环境的改善和可持续发展目标的实现。

第一节　市域绿地系统规划

在我国的城市绿地系统规划领域，近期出现了一种被广泛接受的理念：构建城市绿地系统时，不仅要重视城市内部的绿化工作，还应强化对城市外围广阔地区的生态绿化建设。这一观点强调，规划城市绿地系统时应当兼顾两个空间层面——城市内部空间和整个城市区域（涵盖周边地带）。采用这种综合性的规划策略，可以更加有效地促进城市及其周边区域的生态保护与环境治理，进而实现城市与自然的和谐共生。

在进行市域绿地系统规划时，需要深入研究并解决多个核心问题，同时清晰界定规划编制的关键要素。这一过程旨在确保规划的科学性、合理性和可行性，通过精准把握和处理这些问题与要素，能够有效指导市域绿地系统的建设与发展，促进生态环境的持续改善和城市功能的优化升级。

一、市域绿地的界定与特点

（一）市域绿地的界定

当前，在我国关于"市域绿地"的定义及分类的研究资料相对匮乏，尚无针对性的标准或法规对其进行明确规定。这显示出在该领域，理论和政策的制定仍处于起步阶段，迫切需要更多的关注与研究，以弥补现有的不足。

"市域"是指一个城市行政管理所涵盖的全部地理区域。在学术领域，普遍认同"市域绿地"的定义为包含整个市域内所有自然与人工绿化区域的总称。这一概念涵盖了森林、水体、湿地、风景名胜区、自然保护区，以及用于农业生产的耕地、园地、林地、果园和牧草地等多种类型。简而言之，"市域绿地"指的是城市行政区域中，除去城市规划区域以外的所有非城市建设用地。它与"城市绿地"相辅相成，共同构建了城市及其周边地区的绿色生态环境。

（二）市域绿地的特点

相较于城市绿地，市域绿地展现出一些更为显著的特性。

1. 面积大

市域绿地通常位于城市建成区的外围，往往不会被纳入城市建设用地的规划范围。从单个绿地面积到整体绿地总量，市域绿地都明显大于城市绿地。这些广阔的绿色空间对于维持城市及其周边地区的生态平衡、提高环境质量具有极其关键的作用。

2. 类型多

市域绿地涵盖多种类别，包括森林、水体、湿地、风景名胜区、自然保护区等，同时也包含了以农业生产为主的耕地、园地、林地、果园和牧场等。这种绿地的种类繁多，分类复杂。在保护生物多样性方面，因为市域绿地分布广泛，生态系统丰富而多样，其重要性相较于城市绿地更为显著。

3. 生态效益突出

茂盛的森林被亲切地视为城市的"绿色肺叶"，而辽阔的湿地则被比喻为自然的"清新肾脏"。城市绿地的健康状况对城市气候的均衡起着至关重要的作用，它构成了城市生态体系的基石和支撑结构，同时也是保障城市生态安全的重要屏障。

4. 产业效益明显

在市域绿地区域内，农业、林业和旅游业等多样化的生产活动共同承担着为社会提供充裕农副产品的核心职能。然而，与这些功能相比，城市绿地的侧重点更倾向于生态保护和提供休闲娱乐的场所，并不着重于追求产业效益。

二、市域绿地的功能与规划建设意义

（一）市域绿地的功能

相较于城市绿地，市域绿地展现出独特的功能优势，尤其在维护城市生态安全格局、保护生物多样性和发挥绿地生产功能等方面，展现出城市绿地难以匹敌的特点。具体来说，这些优势主要体现在以下几个方面。

1. 生态安全功能

市域绿地主要由各种天然和人工植被、水体及湿地构成，这些元素在多个方面发挥着至关重要的作用：涵养水源，保持水土，固碳释氧，缓解温室效应，吸收噪声，降低尘埃，降解有害物质，为野生动物提供栖息地和迁徙路径，保护生物多样性，抵御洪水、干旱、风灾等自然灾害对城市的侵袭，为城乡发展提供缓冲和隔离空间，并对城市扩张形态进行有效调控。这些功能共同确保了市域绿地在维护生态平衡和促进城市可持续发展方面的核心地位。

2. 产业经济功能

耕地、园地、林地和草地作为市域绿地的关键组成部分，其规模宏大，主要功能体现在产业经济的产出上。这些区域在较短的时间内为人类供应了生活必需品和工业原材料。比如，耕地上的农作物是人类食品的主要来源，是农业发展的根本；林地则能够提供丰富的木材和燃料，满足人们的生产和日常生活需求。这些绿地不仅直接推动经济发展，而且在维护生态平衡、促进可持续发展方面发挥着至关重要的作用。

市域绿地不仅通过优化投资环境来提升周边土地的经济价值，还展现出其产业经济的积极作用。这些绿地创造的优良生态环境，能够显著增加其周边土地的市场吸引力，其增值效应常常超出了绿地本身植物产生的直接经济收益。因此，市域绿地不仅在改善环境方面发挥作用，同时也为当地经济的繁荣发展注入了新的动力。

（3）游憩活动功能

社会持续进步的同时，人们对返璞归真的生活状态和与自然和谐共生的生活方式愈发向往，这已成为现代都市居民的一种生活风尚。为迎合这种趋势，城市居民对各类休闲活动和空间的需求不断上升，他们渴望在忙碌的都市节奏中寻得更多与自然亲密接触的时机。

面对不断紧缩的城市土地资源，现代都市居民对于出行和休闲的需求呈现出多元化和个性化的特点。传统的单一功能城市公园已不足以满足人们多样化的休闲需求。居民不仅需要便捷的近距离休闲场所，还向往能够提供丰富体验的远距离游憩选择。鉴于此，众多城市在规划和建设绿地时，开始重视把市区内的绿地及其邻近区域打造成为适宜居民游憩的场所，例如郊野公园、森林公园等，这些成为城市游憩绿地资源的有力补充和提升。这种做法不仅为居民提供了更加宽广的休闲空间，也为城市绿地体系的优化和进步指明了新的路径。

通过精心设计市域内的绿色空间及其周边环境，我们能够构建一个由社区、城区到近郊依次递进的三级游憩绿地体系。这一体系旨在打造一个丰富多样且层次分明的游憩绿地网络，不仅为城乡居民提供了设施完备、生态平衡、风景优美的休闲场所，而且满足了他们在观光、休息、运动、娱乐、养生及学习等多方面的需求。通过打造具有独特景观特色的绿色空间，我们能够更有效地满足居民的多样化游憩需求，从而提升他们的生活质量和幸福感。

（二）市域绿地的规划建设意义

市域绿地规划与建设具有至关重要的地位和深远的战略影响。主要体现在以下几个方面。

1. 保障生态安全格局，打造科学合理的生态网络

精心规划和建设市域绿地系统，有助于维护区域内历经悠久历史演变而形成的独特地貌和山水结构，构建起一个稳定可靠、功能完善的生态网络。这一举措不仅促进了城乡自然生态系统与人工生态系统的和谐交融，而且为区域生态平衡和可持续发展提供了坚实的支撑。通过科学的规划和合理的布局，市域绿地系统能够有效地连接和守护各类生态资源，提升生态系统的弹性和服务能力，为人类社会持续发展注入强大动力。

2. 优化城乡布局，打造科学的发展格局

市域绿地的规划与建设对于遏制城市化进程中的盲目扩张、不良蔓延及生态环境恶化具有显著效果。通过合理布置大型绿地，可以逐步推动城乡空间结构向更趋合理的方向发展，促使城市发展更为紧凑、高效。这种规划不仅有助于维护和恢复自然生态，也能提高城市居民的生活水平，实现经济、社会与生态环境的和谐共生。

3. 市域绿地作为区域基础设施的重要组成部分，对于促进城乡一体化发展起着关键作用

通过精心策划和建设，我们能够构筑一个布局合理、互联互通、持久稳定的

绿色开放空间网络。这样的系统不仅有利于提高区域环境品质的整体水平，还能推动资源的有效利用及循环再生，为城乡的持续发展提供坚实支撑。这一绿色空间体系对于维护生态平衡、提高居民生活质量、确保经济社会长期稳健发展具有极其重大的意义。

4. 利于实施区域管控，落实强制性内容

在市域绿地系统的规划与建设过程中，坚守"绿线"制度的重要性，有助于将城市规划管理的核心从个别项目扩展到整体区域空间的综合管控。这使城市规划管理的视野从原本有限的城市中心地带扩展至更广泛的市域范围。采用这种方法，不仅增强了规划在宏观层面的调控能力，还保障了市域范围内绿地资源的有效保护和科学利用，凸显了规划管理在推动区域协调发展方面的关键作用。

三、市域绿地系统规划

（一）规划定位

在城市总体规划的指导下，市域绿地系统规划被视为城市绿地系统规划的一个重要组成部分，遵循"城市总体规划—城市绿地系统规划—市域绿地系统规划"的层级规划模式。这一模式要求市域绿地系统规划不仅要满足城市总体规划的指导原则，还要在遵循城市绿地系统规划的基础上，发挥其补充作用。然而，观察当前情况，市域绿地系统规划在实施上显得较为薄弱，其规划定位与所承担的关键功能之间存在着明显的差距。这提示我们，必须加强对市域绿地系统规划在规划体系中的地位和作用的重视，进一步强化其作用，以充分发挥其在保障生态安全、推动可持续发展等方面的关键作用。

市域绿地系统规划是城市总体规划的重要组成部分，其核心目的是为了高效指导市域范围内绿地的保护与发展，优化城乡环境质量，打造一个融合城乡的绿化网络体系。这一规划有助于推动经济、社会与环境的和谐共生。通过科学规划和合理利用市域绿地资源，我们能够为实现区域的可持续发展目标提供坚实的保障。

（二）规划目标

市域绿地系统的规划理念需要更新，跳出传统目标的框架，采纳一种全新的综合目标导向。这意味着，规划的价值取向应从以往偏重社会和经济层面，转向更加重视规划和生态的功能性价值。这一转变的目标是保证市域绿地系统不仅服务于社会经济进步的需要，还要充分发挥其在生态系统服务方面的作用，推动生态环境的维护与修复，进而达成真正的可持续性发展目标。

市域绿地系统规划的总体宗旨在于打造一个与自然和谐共处的理想环境，通过塑造市域空间结构的主导框架来实现。从宏观层面来看，这一规划目标主要可以概括为三个方面。

其一，维护自然生态平衡，恢复受损土地，对于促进城乡健康发展、实现人与自然和谐共生的城乡环境至关重要。采取有效的保护手段和生态修复手段，不仅有助于恢复遭受破坏的自然景观，同时也是确保城乡可持续发展的关键。这一行动不仅是对环境保护的投入，更是为了营造一个人与自然和谐相处的理想境界，保障社会经济持续稳定发展的生态基础。

其二，通过制定市域绿地系统规划，打造一体化的绿地生态网络体系，目的是优化并引导城镇空间结构的有序扩展。这一规划有助于遏制特大城市建成区的混乱扩张现象，防止相邻城镇之间的无序连绵发展。通过科学布局绿地网络，我们不仅能够保护与修复生态环境，还能有效控制城镇空间的增长方式，推动城镇与自然环境的和谐共存，保障城乡发展的长期可持续性。

其三，打造与城市结构和谐共生的自然生态网络，发挥乡村环境特色，不仅能有效提升城乡环境品质，为居民打造优质的休闲文化空间，还能为城市的持续发展营造一个健康的生态氛围。市域绿地系统规划不仅能够优化城市生态环境，还能通过调整农村产业结构，助力绿色产业的成长，从而推动地方经济繁荣，增加农民收入，提高他们的生活质量。这一举措实现了绿化进程与农民收益增长的巧妙结合，达到了生态保护和经济增长的双赢效果。

（三）规划原则

为实现既定的规划目标，优化城乡环境，推动城乡持续发展，市域绿地系统规划应充分考虑市域环境与用地具体条件，遵循以下基本原则，并将这些原则贯穿于规划之中。

1. 生态优先原则

市域绿地与城市绿地有所不同，其规划必须将生态优先作为基本原则，在生态环境的保护与修复、生物多样性的维护、区域环境的整体调控及区域生态安全格局的构建等方面给予高度重视。这意味着在规划过程中，要确保生态效益置于首位，通过科学合理的规划措施，有效保护和恢复自然环境，促进生物多样性的保持，同时加强对区域环境的综合管理，构建一个稳定、健康的生态安全体系。

2. 公平合理原则

在城市的边缘地带，广阔的市域面临着多维度、多体系、多途径的利益均衡难题，这些挑战相互交织，错综复杂。因此，在规划过程中，我们必须综合考虑社会、经济和环境三方面的整体利益，确保城市与乡村的发展需求得到公平的满足。这要求我们在规划时，既要推动经济增长和社会发展，也要注重环境保护与质量提升，实现三者之间的协调共进，让所有利益相关者都能共享其成果。

3. 城乡一体原则

城乡构成了一个相互依存的统一循环体系，城市繁荣与农村发展紧密相连。城市的发展离不开农村的支撑，而农村问题的解决同样依赖于城市的推动。因此，规划理念必须跳出传统单一关注城市发展的框架，转向更加注重城乡整体功能的优化与和谐。这要求在规划实践中，既要推动城市经济的增长，也要致力于农村经济的复苏，通过高效配置资源，促进城乡之间的互动与共赢，实现共同繁荣。

（四）规划结构与布局

在市域范围内，由于各地经济发展水平和自然环境的差异性较大，存在着许多不确定性因素。因此，对于市域绿地系统的规划布局，不宜照搬照抄固定的模式。规划者应根据各地的实际情况，灵活制订方案，全面考量当地的经济状况和自然环境特征，以确保绿地系统布局的科学合理和高效。这种因地制宜的规划策略，有助于更好地满足不同地区的特定需求，从而推动市域绿地系统的持续健康发展。

1. 影响布局的因素

市域绿化系统的多样性、动态变化特性以及与城市发展的密切联系，意味着其结构配置受到来自社会、经济、技术、地理、生态和人文等多方面因素的影响。一个地区的自然地理特征、城市格局、土地利用情况及经济构成等，都在很大程度上决定了市域绿地的布局，这无疑是一项涉及众多领域的复杂系统工程。因此，对影响市域绿地布局的生态因素进行深入分析，是制定科学合理规划的基础。这样的研究不仅能帮助我们更全面地理解各种因素间的相互关系，还能确保绿地系统的规划更加符合实际需要，有利于生态环境的保护和修复，同时也支持城市的持续发展。

有关市域绿地系统规划布局的影响因素，包括以下几个方面。

（1）自然人文资源

自然环境因素是塑造市域绿地结构布局的基础要素，它们不仅确定了城市的本质属性和规模大小，也指引了城市的发展路径、外形、架构与功能，并赋予了城市独特的风貌与特色。每个地区和城市都承载着其独有的历史文化和精神内涵，这些是世代居民精神文化生活积淀的宝贵遗产，也是当地不可多得的非物质财富。在信息技术飞速发展的当代，维护和展现地方文化特色显得尤为关键。因此，在进行市域绿地系统规划时，我们应当尊重并契合城乡既有的自然和人文景观，通过对影响这些景观的多种因素进行细致分析，制定合理的策略——无论是疏导、引导、弘扬还是淘汰，目的都在于实现资源的最佳配置，保障规划既能守

护和传承本地文化特色，也能推动生态环境的持续健康发展。

（2）城市空间结构

城市空间结构是指城市内部不同功能区域在地理空间上的位置分布及其相互关系的总和，这一格局映射了城市功能在地理空间上的组织形态，同时也是长期城市活动与多种力量作用下的物质环境演变产物。它是市域绿地系统规划中不可或缺的考虑因素，具有重大意义，因为它不仅决定了城市的整体形态和未来发展路径，还直接影响着市域绿地系统是否能够有效地融入城市布局，实现生态环境、社会需求和经济发展的和谐统一。因此，在规划阶段，应当高度重视并合理运用现有的城市空间结构，确保市域绿地系统的规划与实施能够最大限度展现其生态效益和社会价值。

城市市域绿地系统的规划布局对城市形态的发展具有深远的影响。在规划阶段，必须首先综合考量市域独特的地理环境、地形地貌、水文地质及城市自然景观等关键因素，确保绿地布局凸显地域特色。同时，市域绿地系统的结构规划还需受到现有城市空间结构的制约，其布局模式应与城市空间形态保持一致。通过对这些自然条件和人文要素的全面考虑，可以使得市域绿地系统的规划既切合当地实际需求，又能助力城市持续健康发展。

（3）城市发展方向

市域绿地系统规划的核心目标在于引领市域空间结构的布局，实现区域内空间的有序组织和优化配置，确保这一布局与城市发展战略保持一致。在规划实施过程中，我们需要从全局出发，明确城市发展策略对市域绿地的定位和需求，研究如何使绿地系统规划更有效地支撑城市发展目标，进而推动城市环境建设。通过这种方式，城市发展和绿地建设将相互促进，形成良性循环，共同推动城市可持续发展。

2.结构布局的主要方法

市域绿地的布局可以依照某一关键因素进行归类和概括，具体的实施方式如下：

（1）以自然空间为主导的布局方法

①概述。该策略以规划区域内的自然地理要素，如山脉、河流、峡谷和水体等为核心，界定出绿色空间的边界。通过运用绿色廊道等规划手段，将这些自然景观紧密相连，打造出一个连续的绿色网络体系。这种方法不仅彰显了对自然地形地貌的敬畏，而且有助于促进生态环境的保护与恢复，为城市居民提供了充实的绿色生活环境。

②实例。格局规划《广州市城市绿地系统规划（2001—2020）》是一项全方位覆盖广州市的宏伟蓝图，其依托于广州特有的山水、城池、田园和海洋自然景

观，精心构筑了一个以"背靠山峦、面朝大海、融入田野"为特征的城市生态基础架构。该规划紧密结合"云山珠水"的自然景观特色，打造出一个集山、城、田、海于一体的生态城市布局。

为了有效控制城市的无序扩张，保障生态系统的健康与稳定，规划中提出了构建"三纵四横"共七条主要生态廊道。这一策略旨在打造一个多层次、多功能的网络化复合生态廊道系统。该规划的最终目标是实现城市与自然的和谐共生，即"城市融入山水，山水拥抱城市"，推动广州市向山水城乡一体化的生态目标迈进，并走向可持续发展的未来。

③特点。该策略通过优化布局方式，力求与城市的自然生态特点实现最佳和谐，以经济高效的方式实现了绿地综合效用的最大化。采用这种方法，规划区内的自然景观和生态结构得以妥善维护，尤其适用于那些拥有独特自然风貌的城市。这种方法不仅有助于生态环境的保护，还提升了城市绿地的使用效能，为市民创造了更多接触和享受自然的空间。

（2）以绿地功能为主导的布局方法

①概述。该策略以提升绿地功能为核心，综合考虑不同绿化元素在维持生态平衡、提升景观美感、提供休闲娱乐场所以及创造经济价值等多方面的功能，通过有序整合和科学规划，力求最大化发挥各种绿地的作用，以打造一个高效且最优的绿地系统架构。具体来说，这种建设性的绿地规划采用楔形布局来引导城市发展方向；而游憩活动绿地的规划则依据与城区的距离，采取由内向外的递增模式，注重在城市边缘的均匀分布，确保居民能够方便地使用这些休闲空间；生态保护绿地则主要利用规划区内的自然条件和潜在的线性空间，构建起网络化的生态系统。这三种绿地类型相互协作，共同形成了城市规划区内绿地系统的整体布局方案。

②实例。深圳在绿地系统规划方面勇于革新，突破了传统的"点线面"布局模式。该市在全市和市区两个层面，依据绿地系统的生态保护、人文价值及景观优化三大功能，将其细分为生态型、休闲型和人文型三大类别，构建了一个层次分明、类型丰富、功能综合的城市绿地网络。具体而言，生态型绿地系统由区域性的公园、生态廊道和城市绿化带组成，主要目的是维护和提升生态环境；休闲型绿地系统以包括郊野公园、城市公园和社区公园在内的公园群为核心，提供了多样化的休闲空间；人文型绿地系统则包括了展现地方特色的文化景观、风景名胜区和历史文化遗产，凸显了文化传承与展示的重要性。这种规划不仅提升了深圳的生态环境质量，还为市民提供了丰富多彩的文化生活。

③特点。该布局模式的核心优势在于实现了绿化与土地功能的高度融合，保障了各种景观类型的合理配置。这种方法不仅充分发挥了各类绿地的使用价值，

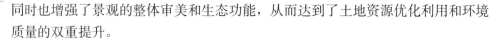

同时也增强了景观的整体审美和生态功能，从而达到了土地资源优化利用和环境质量的双重提升。

（3）以城市发展模式为主导的布局方法

①概述。该策略将城市发展的基本形态视为市域绿地系统结构布局的核心参考。在充分考量城市基本架构的关键要素和重要城市设施的空间布局基础上，规划出市域绿地系统的结构布局。这种方法旨在实现绿地系统与城市现有结构的和谐融合，推动城市功能与生态环境的协同进步。

②实例。丹麦首都哥本哈根以其独特的"手指状"城市布局而闻名。其得益于早期对郊区铁路的电气化改造，哥本哈根市中心得以沿着铁路向外扩展，形成了类似五指伸展的"手掌"形态。这种轴向发展的城市结构，在"手指"之间预留了广阔的开阔地带。城市规划者在这些空间中巧妙地嵌入了绿地和农田等绿色基础设施，打造出了特色的指状绿地景观。这种布局不仅实现了城市与自然的和谐交融，也为当地居民营造了充裕的绿色环境，极大提升了居住的品质。

③特点。该策略有效顺应了城市和谐发展的要求，通过构建与城市发展同步、促进其发展的绿化体系，确保了城市经济和社会的高效运转。这种做法特别适合那些有着清晰空间布局和鲜明建筑特色的城市。在执行这一策略时，需要细致地平衡城市的扩张与自然山水环境的和谐共存，保证城市扩张与环境保护相得益彰，从而推进城市可持续发展。

（4）以景观生态学为主导的布局方法

①概述。该方法充分融合了景观生态学的理念，通过对绿色景观元素的组成及其功能进行细致分析，构建了一个以"斑块—廊道—基质"为核心理念的系统架构，进而形成了一个全面而高效的绿色网络体系。

②特点。本策略深度契合景观生态学的基本理念，通过对各类景观要素的系统梳理、科学配置与合理布局，致力于在城市中构建一个空间均衡的绿地系统，打造出一个功能齐全的绿色服务网络。这一方法有效增强了各个景观要素的生态效能，促进了城市生态环境的改善，并助力城市实现可持续发展。

（五）分类规划

目前，学术界对于市域绿地的分类标准尚未达成共识。为了更有效地保护、建设和管理市域绿地，我们可以根据不同绿地的主要功能，将其划分为五大类别：生产绿地、风景游憩绿地、自然与文化保护绿地、防护绿地和生态恢复绿地。这种分类方法有助于我们更高效地管理和利用市域绿地资源，确保其在各个领域实现最大化的效益。

生产性绿地主要包括耕地、果园、苗圃、草地，以及以林业产出为主的用材林、燃料林和经济效益林等。这些绿地不仅具有显著的经济效益，而且还具备提供生态服务的功能，比如维护水土、优化生态环境等。

游憩性质的风景区涵盖了森林公园、郊野公园、动物园、植物园、游乐园、农业观光园、墓园、体育用地及休疗养用地等，还包括那些未被纳入城市建成区的市域公园绿地。这些绿色空间不仅为市民提供了丰富的休闲娱乐和文娱活动场所，还肩负着自然生态保护与普及生态知识的重任。

自然与文化保护区涵盖了自然保护区、风景胜地、涵养水源的森林和湿地、关键生态系统区域、生态敏感地带以及蕴含历史文化的遗址等多种类型。这些地方对于维护生物多样性和生态平衡极为关键，同时它们也积淀了深厚的文化底蕴和历史意义，构成了自然与文化传承的重要部分。

防护绿地涵盖了诸如防风林、工业防护绿地及农田防护绿地等多种类型。

生态恢复绿地包括退化生态系统的复苏地带、废弃垃圾场的绿化区域、工业和矿山遗弃地，以及因煤炭开采、矿业开发和石材采集等活动引起的地面塌陷或损坏的生态整治区。这些区域的生态恢复与建设对于优化生态环境、恢复生态系统的功能起着关键作用，有助于促进受损土壤的持续利用和生态平衡的重建。

四、市域绿地的规划实践

在中国众多城市中，市域绿地系统规划已被广泛采纳并取得了显著成效。以下是对上海和深圳两个城市在市域绿地系统规划方面成功案例的简要介绍。

（一）上海市

为了满足上海市作为现代化国际大都市的发展需求，上海市在 2002 年组织编制了《上海市城市绿地系统规划（2002—2020）》，该规划中有关市域绿地系统规划的内容如下。

1. 规划特点

（1）把整个市域作为一个统一的整体来进行规划，将中心城和周边未城市化地区都视为这个整体的重要组成部分。这种规划方式有助于城区及其周边地区的协调发展，促进资源平衡分配与高效运用。

（2）为了实现城市主导风向频率与绿化生态效应的最佳融合，并结合农业产业结构的优化升级，我们采取了一种集成策略，将点状、环状、网状、楔状、放射状和带状等多种布局方式巧妙结合。通过这种策略，我们在市域范围内构建了一个"主体""网络"与"核心"协同作用的大循环绿化体系。这一布局不仅显著提高了生态效益，还促进了农业与城市之间的和谐共生与共同发展。

（3）通过对不同功能特性的绿地进行科学规划与合理配置，目的是打造一个具备生态维护、环境美化、景观欣赏、知识传授、生活服务以及生产实践等多种功能于一体的城市绿地系统。这种综合性的规划手段，确保了城市绿地系统的丰富性和完整性，有效地适应了城市发展的多样化需求，同时提升了居民日常生活的品质标准。

2. 规划原则

（1）秉持可持续发展的理念，强调人口、资源与环境三者之间的和谐共存，我们致力于打造一个人与自然和谐共生的生态居住环境。这一观念不仅关注满足当代人的需求，还着重于保持长远的生态平衡和社会福祉，目的是推动经济、社会和环境的协调发展，实现多方共赢。

（2）构建契合大都市圈发展理念的新型城乡一体化绿色网络，目的在于促进城市与乡村的协调发展，打造一个互联互通、和谐统一的绿色生态空间。这样的规划不仅有助于提升区域生态环境水平，还能显著增强居民的生活幸福感。

（3）坚持以人民为中心的发展思想，全力改善居住条件，提升绿化水平，顺应市民不断提升的生活需求。这样的城市规划致力于增强居民的生活品质，目标是构建既具审美价值又兼顾实用性的城市绿化，为市民打造一个宜居的生活空间。

3. 规划目标

根据上海市城市总体规划设计，我们坚持以人与自然和谐共生为原则，构建一个融合城乡发展、绿地系统互联互通、生态功能完善且稳定的市域绿地网络。这一规划旨在打造一个生态平衡、环境优美，既适宜居住又有利于发展的城市空间，以促进城市持续发展与健康进步。

4. 市域绿地总体布局

遵循人与自然和谐共生的理念，上海市城市总体规划设计致力于打造一个融合城乡发展、绿地系统互联互享、生态功能健全稳定的市域绿地网络。该规划目标旨在营造一个生态平衡、环境宜人，既适合居住又有利于经济繁荣的城市空间，推动城市可持续发展与和谐进步。

"环"——环形绿化：城市周边的功能性绿带，包围整个市域，既包括中心城区的环状绿带，也涵盖郊区的环形绿带，总体面积约为242平方公里。这些绿带不仅美化了城市景观，还肩负着保持生态平衡与改善城市小气候的重要任务。

"楔"——楔形绿地：位于桃浦、吴中路、三岔港、东沟、张家浜、北蔡及三林塘地区的市中心外围，有8块呈楔形分布的绿地。这些绿地的总控制用地面积约为69.22平方公里。这些楔形绿地不仅优化了城市环境，还为市民提供了众多休闲娱乐的空间。

"廊"——防护绿廊：在城市的道路、水道、高压电缆、铁路及轨道交通沿线，以及关键市政设施周围，遍布着约 320 平方公里的防护绿化带。这些绿化带不仅承担着防护和隔离的重要作用，同时也大幅提升了城市景观效果，增强了城市生态环境的整体质量。

"园"——公园绿地：涵盖市中心公园绿地、近郊大型公园以及郊区和城镇的公园绿地与环绕城镇的绿化带，这些集中公共空间总面积约为 221 平方公里。这些区域不仅为市民提供了多样化的休闲娱乐场所，而且还显著提升了城市生态环境质量。

"林"——大型林地：指非城市化地区中对生态环境、城市景观和生物多样性保护有直接影响的大型片林生态保护区、旅游风景区及大型林带等，总面积约为 671.1 平方公里。这些区域不仅在生态保护方面发挥着重要作用，还为城市提供了宝贵的自然景观和休闲资源。

（二）深圳市

为了适应深圳市国际化大都市的发展需求，深圳市在 2002 年组织编制了新一轮《深圳市城市绿地系统规划（2002—2020）》。规划中有关市域绿地系统规划的内容如下。

1. 市域环境存在的问题

（1）自然绿地的破碎度增加。随着城市扩张、村镇建设、土地开发及高速公路的建设，城市快速发展导致大型绿地被分割成较小和更分散的地块。这种现象不仅减少了绿地的连续性和完整性，还对生态系统的功能和生物多样性产生了负面影响。

（2）生态通道的通达性降低。随着自然绿地破碎度的增加，自然生态环境之间的联系通道常常被割断或破坏。例如，高速公路的建设将自然栖息地一分为二，导致自然生态环境的连续性中断，生物多样性资源受到损害。这种割裂不仅影响了物种的迁徙和扩散，还削弱了生态系统的整体稳定性和恢复能力。

（3）区域性的水土流失问题还未得到彻底解决。大量已经被平整却未被利用的土地，正面临着水土流失的严峻挑战。这些未开发的地块缺少必要的植被保护，在降雨过程中极易遭受雨水冲刷，从而导致土壤侵蚀，使水土流失问题进一步恶化。

2. 指导思想和原则

（1）构建环绕都市的绿色屏障，为城市的持续发展注入绿色动力。精心打造并维护这一绿色防线，不仅有助于提升城市生态环境，减轻污染负担，还能强化城市的生态功能，为市民打造宜人的生活环境，保障城市健康、稳定地迈向未来。

（2）确立城市发展的绿色边界策略，可以有效抑制城区的盲目扩张，防止相邻城镇之间形成无间断的连绵态势。这样的绿色边界设置，不仅能保持城市空间的有序布局，同时也能保护自然生态环境，促进城乡协调发展的可持续发展之路。

（3）构建连续的绿地生态系统，提升生物多样性。通过建立和维护连续的绿地网络，可以为各类动植物提供连贯的栖息地，促进物种的迁徙和繁衍，从而增强生态系统的稳定性和生物多样性。

（4）为居民营造户外运动与休闲的空间和机会，通过打造多样化的公园、绿地及公共休憩地带，让市民得以在大自然的怀抱中体验户外运动，增进身心健康，进而提高生活质量。

3. 市域绿地总体布局：构筑连续绿地生态系统

本规划采用"斑块—廊道—基质"模型来设计并构建城市绿地系统的整体架构。具体来说，规划旨在打造满足生态需求的绿色廊道，旨在加强城市建成区内部各公园与街头绿地（即自然残留斑块）之间的互联互通，同时强化自然山地、大型植被和水系等生物主要栖息与繁殖区域的连接性。通过这种方式，构建起"大型生物自然栖息地—大型生态绿廊—城市复合廊道—城市绿化用地"的四级市域绿地系统，形成一个多功能、共生型的生态绿地网络系统。这一系统不仅提升了城市的生态功能，还为生物多样性保护和城市可持续发展提供了有力支持。

（1）大型区域绿地（大型生物自然栖息地）规划。城市绿带主要由自然山体、大面积水域和农地/园地构成，是城市绿地生态系统的主体骨架，属于城市生态系统中的最高层次。根据自然山体、大型水体和成片农业区的空间走向、分隔状况及不同类型，全市规划了 8 条主要绿带，从西向东依次为：公明—光明——观澜大型区域绿地；凤凰山—羊台山——长岭皮大型区域绿地；塘朗山—梅林——银湖大型区域绿地；平湖东大型区域绿地；清林径水库——坪地东大型区域绿地；梧桐山大型区域绿地；三洲田——坝光大型区域绿地；西冲——大亚湾大型区域绿地。这些绿带不仅为城市提供了重要的生态屏障，还为生物多样性保护和城市可持续发展奠定了基础。

（2）深圳正着力打造一个互联互通的绿色空间系统，为此特别规划了 16 条宽敞的生态绿廊和生物通道，以保障生态环境的连续性和完整性。这 16 条绿廊涵盖了从公明至松岗、松岗至沙井、沙井至福永、西乡至新安、新安至南山、大沙河、竹子林绿化带，到福田的 800 米绿化带，以及光明至观澜、平湖至布吉、石岩至龙华、平湖至横岗至龙岗、坪地、坪山至龙岗，再到坪山至坑梓的广大区域，廊道宽度均超过 1 公里。这些生态廊道与 8 大区域绿地相互交织，共同构成了深圳市绿色生态防线的骨架体系。

（3）城市复合绿廊规划。规划构建涵盖全市范围的城市复合绿廊，旨在打造穿越自然植被区及具备重要生态价值的区域道路廊道，同时在城市高密度区域设立空气流通的道路绿色通道，并围绕全市河流水系打造绿色廊道。

第二节　城市绿地系统规划

一、规划编制的要求

（一）规划的基本要求

依据我国城市规划建设的实际状况，制定城市绿地系统规划应遵循以下基础准则。

第一，在遵循国家相关政策法规的基础上，根据城市总体规划中确定的城市定位、规模和发展条件，我们明确了城市绿地系统建设的核心目标和布局原则。这样的做法不仅确保了城市绿地系统规划与城市发展战略的紧密对接，而且满足了国家法律法规的要求，为城市可持续发展提供了坚实的生态环境支撑。

第二，研究城市经济水平、环境质量、人口规模及土地利用状况，以评估城市绿地建设的增长速度和质量标准，从而确立城市绿地规划的相关指标。这一过程旨在确保城市绿地建设与整体城市规划协调一致，同时最大程度地优化生态环境质量和提升居民的生活水平。

第三，在城市总体规划的指导下，本书深入分析了城市区域自然生态空间的可持续发展前景。在全面考量城市的现状和气候、地形、地貌、植被、水系等自然因素的基础上，提出了科学合理的城市绿地网络规划方案。通过与城市规划及其他相关部门的密切沟通与协作，确定了城市绿地建设的具体位置、规模和面积，并选定了基础绿化植物种类。同时，明确了在城市总体规划中需要保留或新增的、禁止开发的生态景观绿地，旨在确保绿地系统规划的科学性和实用性，为城市长期可持续发展打下坚实的生态环境基础。

第四，提出对现有绿地进行优化提升的策略，制订绿地规划分阶段的实施计划，并详细规划关键项目的具体执行步骤。同时，对规划实施过程中关键工程与技术手段的实效性进行深入分析与验证。

第五，在制定城市绿地系统的规划图纸和文件过程中，对于近期计划重点开发的城市绿地项目，必须编制详细的设计任务书或规划方案。这些方案中应当明

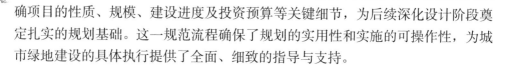

确项目的性质、规模、建设进度及投资预算等关键细节，为后续深化设计阶段奠定扎实的规划基础。这一规范流程确保了规划的实用性和实施的可操作性，为城市绿地建设的具体执行提供了全面、细致的指导与支持。

（二）规划的层次与重点

根据我国当前的城市规划标准，城市绿地系统规划作为城市规划的一个重要分支，其规划工作应当与城市规划的各个阶段相匹配。具体而言，它应分为总体规划、分区规划和详细规划三个层级。在这三个阶段中，城市绿地系统规划的重点内容各不相同。

1. 总体规划

城市绿地系统规划的核心要素涵盖了规划的基础、指导方针、愿景、量化标准、空间布局设计、不同类型的绿地规划、城市绿化植物的选择与配置、生物多样性的维护、古老树木及珍稀植物的保护、阶段性建设计划及规划执行策略等多个方面。该规划必须与城市的整体规划、旅游发展规划、土地利用总体规划等多个领域保持协调一致，同时为城市的长期发展战略和总体布局提供在地选择和空间拓展方面的优化建议。

2. 分区规划

在广阔的大型及特大城市中，为了高效地进行城市绿地规划、建设与管理，通常会依据市级行政区域或城市规划用地分区来制定相应的分区绿地系统规划。该规划重点突出分区绿地的基础原则、发展目标、绿地类别、详细指标及空间布局结构，同时关注不同分区绿地之间的相互联系与整体和谐，旨在通过分区管理模式，实现城市绿地建设的有序性和高效性。这类分区绿地规划应与城市分区规划相互配合，并为城市分区规划在用地和空间布局上提供具体的优化指导。

3. 详细规划

在严格遵循全市绿地系统规划和分区绿地系统规划的前提下，关键任务是要详细界定各建设区域内的绿地类型、规范标准、特点、分布位置及规模等核心控制要素，并确保这些要素与相关地块的控制性详细规划相吻合。对于重点绿地建设项目，还需进一步深化规划工作，包括地块内的总体绿地设计、用地分类与规范、关键景观建筑设计理念、游客活动规划、植被景观布局以及地形设计等细节，同时保证与相应地块的修建性详细规划相协调。这种详尽的规划不仅为项目启动提供了坚实基础，也有效指导了绿地建设过程中的具体实施。

在城市规划过程中，已经明确划定的绿地建设用地，包括公园、小型游乐场、风景林地等，均具有明确的界限和具体范围。依据这些规划准则，我们必须制定用地内的总体设计方案、初步设计方案及详尽的施工图纸。这些设计工作确保了从创意构思到实际施工的每一个阶段都能严格遵守规划标准，从而确保绿地建设项目的高品质和良好成效。

（三）规划编制的主要内容

城市绿地系统规划一般应该包括以下几个主要内容。

其一，进行城市背景与绿地状况的综合评价，需要从多个角度进行全面考量。这包括评估城市的自然环境特征、社会经济状况、生态环境质量以及基本的城市概况等多个方面。在分析绿地状况时，不仅要对各类绿地现状进行统计和评价，还需探讨推动绿地发展的有利条件，并识别存在的关键问题和限制因素。这种全方位的评价旨在为城市绿地的未来规划和持续发展提供坚实的理论支撑。

其二，规划总则。规划的制定是基于特定背景的需求，凸显其重要性与迫切性。它依据相关法律法规和政策导向，明确了规划的法律地位。此外，规划明确了实施的时间期限、地理范围以及涉及的具体规模，确保了规划的针对性和实用性。在规划的编制与实施过程中，我们始终遵循核心理念和基本准则，旨在提高规划的科学性、合理性和可操作性。

其三，规划愿景描绘了未来发展的宏伟蓝图，为我们指明了前进的方向；同时，量化标准设定了具体可衡量的目标，以便我们跟踪和评估规划的执行成效。愿景引领我们朝着既定目标前进，而量化标准则确保我们的步伐稳健、成效可见。这样的做法不仅提高了规划工作的透明度和责任性，而且为持续的监控和评估提供了可靠的参考。

其四，市域绿地系统规划。本规划主要围绕市域绿地系统的架构与分布展开论述，明确了各类绿地的发展方向。目标是在以中心城区为核心的基础上，辐射至全市域，打造一个涵盖城乡、促进融合发展的绿色网络。通过精心规划，实现绿地资源的合理分配与高效利用，推动生态环境的优化，提高居民生活品质，构建一个集生态保护、休闲娱乐、文化传播等多功能于一体的综合性绿色空间体系。

其五，城市规划中，城市绿地系统的整体布局与架构至关重要。这一环节主要关注在城市范围内如何科学地安排与设计绿地空间，打造一个既能满足生态需求，又能兼具审美与休闲功能的综合性绿色网络。通过精心规划，实现绿地空间的均衡分布和流畅连接，从而有效提高城市生态环境的质量，增强居民生活的幸福感，推动城市可持续发展。

其六，城市绿地分类规划。城市绿化工作应严格依照国家标准《城市绿地分类标准》进行分类。在规划各类绿地时，必须明确其基础性原则、核心构成（关键要素），并制定相应的规划指标。同时，还需确定各类绿地适宜的主要树种、关键树种及常见树种。这种做法不仅能确保城市绿化种类的多样性和生态效益，还能提升城市景观的整体美学价值和个性化特征。通过精心的规划与科学的树种选择，有助于促进城市绿地系统的健康稳定发展。

其七，在城市规划中，绿化树种的选择是一项关键任务，其核心在于明确树种挑选的基本原则。这一过程首先需要考虑城市的地理位置和植被分布特征，以此制定适宜的技术和经济标准。基于这些标准，我们需筛选出能够体现城市特色的基调树种、主体树种及常见树种。此外，对于市花和市树的选择，也应提出专业的建议。这些建议应确保树种既能适应本地的气候和土壤条件，又具有一定的文化象征意义。通过科学合理的树种选择，不仅能提升城市绿化的生态效益，还能增强城市的文化魅力和景观价值。该规划的宗旨在于，通过对树种的精心筛选和合理布局，优化城市生态环境，丰富绿化景观的层次感，营造一个既适合居住又有利于事业发展的城市环境。

其八，生物多样性（特别是植物多样性）保护与建设规划。该规划涵盖生物多样性当前的整体状况分析，确立保护与建设的目标及指标体系，明确生物多样性保护的不同层次与具体内容（包括物种多样性、遗传多样性、生态系统多样性和景观多样性规划），并提出具体的保护措施和生态管理策略，尤其是针对珍稀濒危植物的保护方法与应对措施。通过这一系列的规划与行动，旨在有效保护和恢复生物多样性，促进生态平衡，增强生态系统的稳定性和服务功能。

其九，古树名木保护规划。本规划致力于古树名木的全面保护工作，重点包括对现存的古树名木进行详尽的调查和记录，对其健康状况进行评估，并据此制定出科学合理的保护策略和技术方案，构建持久有效的保护体系。此外，规划强调古树名木保护的重要性，并倡导相关政策支持与公众教育项目的实施，以增强社会大众对古树名木保护的认识与参与。通过这一系列的措施，我们旨在确保这些承载着历史、文化和科研价值的宝贵树木能够得到妥善保护，并得以传承至子孙后代。

其十，城市绿地建设规划应当分为近期、中期和远期三个阶段来逐步推进。这三个阶段的设定需遵循城市绿地发展的内在规律和特性，确立相应的规划目标和核心项目。在近期规划阶段，需具体阐述目标与任务，详尽规划建设项目、规模和预计的投资额；而中期和远期规划则侧重于提出建设项目、规划构思以及预期的投资计划。采用这种分阶段实施的方法，不仅能够达成城市绿地建设的短期成效，同时也能确保其持续发展，进而逐步提升和完善城市绿地系统。

其十一，规划实施措施。本部分将围绕法规、行政、技术、经济和政策五大方面，详细阐述规划实施的具体措施。在法规层面，将制定或修订相关法律法规，为规划实施提供法律保障；在行政层面，设立专业管理机构，明确各部门职责，强化协作与沟通；在技术层面，运用前沿规划设计和技术方法，提升规划实施的科学性与效率；在经济层面，拓宽资金筹集渠道，合理调配和使用资金，保障规划项目顺利推进；在政策层面，出台一系列支持政策，如税收减免、财政补助等，营造有利于规划实施的外部条件。通过这些综合措施的有效落实，将有力推动城市绿地规划目标的达成。

二、规划编制的程序

根据我国城市相关规划工作的实践，城市绿地系统规划编制的基本程序如下。

（一）基础资料的收集与整理

在进行城市绿地系统规划编制时，必须依托于广泛的数据收集和深入的研究分析。对于复杂的绿地系统规划项目，除了要掌握城市规划的基本信息，还需根据具体情况进行以下几类资料的搜集：①自然环境条件的相关资料；②社会经济状况的相关资料；③市域范围内绿地的现状资料；④市区内绿地的详细信息；⑤动植物物种的分布资料；⑥绿化管理与维护的相关资料；⑦其他与规划相关的辅助资料。为高效利用人力资源、物资资源和财务成本，避免不必要的重复工作，提升工作效率，资料收集工作应与城市总体规划调研阶段紧密结合，确保所获信息的全面性和时效性，为规划决策提供坚实的支撑。

（二）绿地现状调研

进行城市绿地现状的调查与评估是编制城市绿地系统规划的重要环节。在此过程中，必须确保所收集的信息准确无误、全面详尽，并且符合科学性原则。通过实地考察和数据综合分析，深入剖析城市绿地的空间布局特征、建设与管理水平、绿化植被的种类与生长状况，以及珍贵古树的保护现状。这一步骤旨在明确城市绿地建设的有利条件、规划的重点领域及未来发展的方向，确立城市发展中不可或缺的基础要素和任务范围。只有在彻底调研与分析的基础上，我们才能准确把握城市绿地的实际情况，对影响其发展的多种因素进行全面考量，从而做出科学合理的现状评估。具体调研内容如下。

1. 城市绿地空间属性调查

构建一支技能高超的专业团队，运用最新版的城市规划区域地形图、航空摄影图像及遥感影像资料，对现场进行深度勘查。该团队将基于地形图，仔细对比并标注出各类城市绿地的特点、范围、植被状况和所有权等关键信息。这样做的目的是确保收集到的数据准确无误且详尽完备，为未来城市绿地系统的规划提供坚实可靠的数据支撑。

对于具备相应条件的大中型城市，特别是那些超大型都市，我们应当积极引入卫星遥感等先进技术，对现有绿色空间的分布格局及其特性进行细致的调研与分析。同时，针对这些城市的热岛效应，我们需要进行更为深入的研究，借助科学的数据支持来优化绿色系统的空间布局决策。这种做法不仅能够增强城市规划的精准度和科学性，还能有效缓解城市热岛问题，推动城市生态环境的持续优化。

对从外部搜集的城市绿地现状资料进行梳理和汇总，通过内部的数据处理与分析，计算出不同类型绿地的总面积、空间分布特点以及树木品种的利用情况。在此基础上，对现有城市绿地系统的问题进行诊断，并探索具体有效的解决办法。这一过程有助于深入了解城市绿地的真实状况，并为制定针对性的优化措施提供科学依据。

城市绿地空间布局的调研是现状分析的关键环节之一，其核心目标在于绘制城市绿地现状图并编制详尽的绿地现状分析报告，以便收集关键的基础数据。通过对城市绿地分布的深入调研与分析，我们能够准确掌握其空间分布特征，为后续的城市规划与管理提供有力的科学支撑和参考。

2. 城市绿地植被状况调查

城市绿地植被状况调查主要包含以下两方面的工作内容。

（1）外业。在进行外业工作时，需要对城市规划区域内的园林绿地进行全面地实地勘查。这包括详细记录现有植被的种类、分布状况及生长态势。同时，还需对各种应用植物进行准确识别和系统登记，以确保获取的数据精确可靠，为后续的分析和规划工作提供坚实的数据基础。

（2）内业。内务工作主要涉及对户外调查结果的汇总与梳理，并将所得数据录入计算机系统中。此外，通过翻阅国内外相关文献资料，深入研究市区园林绿化的植物应用现状。这一流程有助于全面了解植物在城市绿化中的实际应用情况，从而为植物的选择与搭配提供科学的依据。

3. 古树名木保护状况评估

对城市中古树名木的保护状况进行评估是制定其保护规划的重要前置环节，这一过程主要包括以下几个关键方面。

（1）开展对市区内受市政府指令保护的古树名木进行实地考察，以准确掌握这些古树的生长状况及其是否符合保护标准的详细信息。这一行动有助于全面掌握古树名木的现状，为制定和实施未来的保护策略提供关键依据。

（2）开展对未记录在案的潜在保护树木进行树龄测定等科学研究，旨在评估其是否达到古树名木的保护标准。这样的举措有助于发掘新的保护目标，确保所有符合资质的古树名木获得应有的保护与管理。

（3）梳理调研成果，总结并识别现阶段面临的主要挑战。这一步骤通过对调研数据的深入分析，旨在确定在古树名木保护工作中急需处理的核心问题，从而为制定高效的保护策略奠定基础。

具体调研工作步骤如下。

第一，制订详尽的调研计划，对调研区域进行合理划分，并对参与调研工作的调查员进行专业的技术培训与实地操作指导，确保他们能够熟练掌握正确的调研技巧。要求如下：

（1）依据古树名木的详录清单，开展实地测量与摄影工作，同时细致填写调查表格中的各项信息。这一过程保证了每株古树名木的数据都能精确记录，为今后的保护与维护工作提供了坚实基础和详尽的资料保障。

（2）针对每棵树木，需分别拍摄一张展现整体风貌的照片及一张树干局部特写的照片。同时，详细记录树木的生长状况、周边环境特点、病虫害侵袭情况，并精确测量树高、胸径、冠幅等关键指标。这一系列措施旨在全面且精确地收集和保存古树名木的当前状况信息。

具体调研的内容和方法如下。

（1）生长状况，通过观察叶片的色泽和枝叶的繁茂程度，对树木的生长状况进行综合评定。（2）环境条件，考察古树周围30米内是否有可能对古树构成威胁的建筑物或其他设施，并检查地面是否被水泥等硬化材料覆盖。（3）保护措施，执行检视古树上是否已安装保护标识，是否设置了保护性围栏，以及是否采取了促进树根生长的相关措施。（4）病虫害影响，根据病虫害的侵害程度标准，对古树受到的病虫害影响进行评估。（5）树木高度，使用测高仪精确测量树木的垂直高度。（6）树干胸径，在树干距离地面1.3米的位置，测量树木的直径。（7）树冠宽度，分别测量树冠在地面上东西方向和南北方向的投影长度，以确定树冠的宽度。

第二，根据既定的作业规范，我们组织了专业团队和调研人员对各个调查区域内的古树名木进行了逐一地实地勘查。专家们亲自到场进行细致的调研，以确保对每一棵古树名木的评估与记录都达到精确无误的标准，进而为后续的保护工作奠定坚实且可信的数据基础。

第三，搜集和整理，通过现场勘察获取的全部资料，利用信息技术手段进行加工和分析，对城市中古树名木的保护状况进行全方位的评价。依据分析所得的数据和结论，撰写一份详尽的报告，旨在为古树名木的保护措施提供科学参考及合理化建议。

第四，集结相关领域的专家学者，对调研数据进行细致审查与深入探讨，以确保信息的精确性与分析结论的合理性。通过专家们的论证过程，我们能够进一步确认调研结果的科学性和可信度，从而为古树名木的保护策略提供更为坚实的理论依据。

4. 城市绿化现状综合分析

城市绿化现状综合分析的基本内容和要求如下。

（1）在深入了解城市绿化现状及其生态环境状况的基础上，对搜集的数据进行详尽的核实与系统的分类整理，以确保数据的真实性，准确地展现城市的绿地率、绿化覆盖率、人均公园绿地面积等核心指标，以及市域内绿色空间的布局状况。这一工作的目的是给城市绿地系统的规划与管理工作提供精确和详尽的数据参考。

（2）研究城市内部各类建设用地的空间分布情况，评估在城市规划过程中，绿地系统设计与实施所面临的积极影响与挑战。通过深入分析城市空间结构的特征及其限制因素，旨在探索并确定城市绿地系统规划应采取的最佳发展模式，从而为城市绿地布局的优化提供科学而合理的指导建议。

（3）研究城市公园绿地及绿化建设在支撑城市人口容量中的作用，并对现有城市建设用地规划指标及其比例的适宜性进行评价。基于研究成果，提出具体调整建议，以优化城市绿地布局，更好地满足居民需求，从而提升城市居住环境质量。

（4）通过对城市环境质量调查和热岛效应研究等专业领域成果的综合分析，掌握城市主要污染源的具体位置、影响范围，以及各类污染物的分布浓度和自然灾害的发生频率与强度。根据城市居民生活和工作舒适度的标准，对当前城市环境质量进行单独或整体评估，以判断其质量的好坏。这一评估流程旨在为优化城市环境、提高居民生活品质提供科学参考。

（5）根据我国相关法规对绿地指标的明确规定，并结合国内外同类城市在绿化建设与管理方面的先进经验，本市将对绿地现状进行深入调查与分析。通过对比研究，揭示本市与领先城市在绿化建设领域的差距，并细致探讨这些差距产生的根本原因。这一分析过程将为明确改进方向和制定具体措施提供依据，助力提升城市绿地的整体品质。

（6）探讨城市风貌与园林艺术风格的形成要素，对于优化城市绿地规划的整体目标至关重要。在现状评估过程中，我们应坚持科学性和客观性原则，确保评价结果的精确与可信。这既包括公正地肯定多年来的绿化成就，也包括深入剖析当前存在的问题与不足。尤其在绿地调查数据与历史记录的绿地建设指标存在差异时，应详尽分析造成这些差异的原因，并进行科学合理的调整。若必要，应依法通过规划的论证和审批程序，对历史统计数据中的明显错误进行更正，以维护数据的真实性和准确性。

必须全方位了解当前状况，清晰识别存在的问题，深刻探究问题产生的根本原因，并得出精确的结论，这样才能在规划层面进行全面的解决方案设计，从而改善现状，明确发展方向。这一步骤是制定有效规划措施的基础，对于保证规划方案的科学性和可操作性至关重要。

（三）规划文件的编制

城市绿地系统规划文件的编制包括制作规划方案图、撰写规划文本和说明书等环节。在经过专家评审并根据其意见进行调整后，这些文件将被定稿并汇编成册，以供市政府相关部门审批。规划成果文件主要包括四个部分：规划文本、规划图纸、规划说明和规划附件。按照法律规定，批准后的规划文本和规划图纸具有同等的法律地位。制成的规划成果文件需制作多份副本，分发给各个相关部门，以作为未来实施工作的参考和依据。

1. 规划文本

规划文本以条款的形式出现，格式按照《城市绿地系统规划编制纲要（试行）》的要求进行，文本的编写要求简捷、明了、重点突出。主要内容包括规划总则（包括概况、规划目的、期限、依据、原则等），规划目标与指标，市域绿地系统规划，城市绿地系统规划结构布局与分区规划，城市绿地分类规划，树种规划，生物多样性保护与建设规划，古树名木保护规划，分期建设规划，实施措施十大章节。

2. 规划图纸

城市规划中的绿地系统图纸是关键性的设计文件，它们详尽地展现出城市绿色空间的布局与设计。这些图纸主要包括以下内容：

城市地理位置关系图：此图展示了城市在更广阔区域中的位置，以及它与周围环境的空间联系。

城市背景与自然资源分析图：此部分详细记录了城市的总体概况和自然资源的分布情况。

城市地理位置与自然环境综合评估图（比例尺介于1：50000—1：10000）：此图通过对城市地理位置和自然环境的综合分析，为绿地规划提供科学依据。

现有绿地分布分析图（比例尺介于1：25000—1：5000）：准确描绘了城市现有各种绿地的分布状况。

市域绿地系统架构图（比例尺介于1：25000—1：5000）：展示了市域范围内绿地系统的结构及其相互之间的联系。

绿地系统总体规划布局图（比例尺介于1：25000—1：5000）：呈现了未来城市绿地布局的整体设想。

绿地系统分类规划图集（比例尺介于1：10000—1：2000），其中包括：公园绿地规划，生产性绿地规划，防护性绿地规划，附属绿地规划，其他类型绿地规划。

绿地系统分区规划图集：针对不同区域的功能需求，进行具体的绿地规划。

绿地分阶段建设计划图（比例尺介于1：10000—1：5000）：明确了不同阶段的绿地建设目标和任务。

短期建设计划图（比例尺介于1：10000—1：5000）：突出了短期内将实施的关键建设项目。

其他规划意图表达图：例如城市绿化边界管理规划图、关键区域绿地建设草案等，用于进一步阐释特定的规划意图或决策。

这些规划图纸不仅为城市绿地的建设和管理提供了坚实的依据，而且推动了城市生态环境的持续优化。

在进行城市绿地系统规划时，通常会选择与城市总体规划相匹配的比例尺，并在图纸上标注风向频率，即风玫瑰图。对于规模较大的大型及特大型城市，由于其庞大的面积，绿地分类的现状图与规划布局图会采用分区域的方式展现，这有助于更清晰、具体地反映每个区域的情况。随着现代信息技术的发展，为了便于信息化管理与应用，所有规划图件需要转换为 AutoCAD 或 GIS 格式的数据文件。这种转换不仅有利于资料的长期保存，也方便了后续的查询、分析和调整工作。

3. 规划说明

规划说明是一份对规划文本和图纸进行详尽解读和细致阐释的文件，其内容的深度往往超越规划文本本身。它的结构与规划文本保持一致，但在具体细节上进行了更为详尽的阐述。通过阅读规划说明，人们能够更加全面地理解规划的目标、原则和实施方法，以及各项措施的具体执行细节，为规划的顺利实施提供了坚实的基础。规划说明不仅包括规划的主要框架和关键点，还深入分析了每个环节的背景、实施理由及其可能带来的影响，有助于各方更好地掌握规划的核心要义和实际操作要点。

4. 规划附件

附件内容涵盖了基本资料调研报告、规划研究分析概览、区域绿化规划摘要、城市规划中的绿线管理控制手册以及重要绿地建设项目的规划方案等相关资料。

（四）规划成果的审批

依据国务院发布的《城市绿化条例》，城市绿地系统规划需由城市规划部门与城市绿化行政管理部门联合编制。该规划在经过城市政府的法定审批程序后，将正式公布并实施，同时被纳入城市总体规划之中。在审批过程中，国家住房和城乡建设部发布的一系列行政规章、技术规范及行业标准，以及各省级、市级、自治区级和城市政府自行制定的地方性法规，均可作为重要的参考依据。这些规定和标准旨在确保城市绿地系统规划的科学性、合理性和可操作性，促进城市生态环境的可持续发展。

城市绿地系统规划成果文件的技术评审，一般考虑以下原则。

第一，城市绿地规划需与城市发展策略相协同，同时充分融合城市生态建设与环境保护的要求。在制定绿地规划时，我们不仅需要关注城市经济社会的推进，还应重视提升城市的生态环境水平，推动绿色持续发展。科学合理的绿地配置能显著提升城市的生态效能，优化居民的生活空间，实现人与自然和谐共存的目标。

第二，城市绿地规划指标体系的科学合理，保证了绿地建设项目的适宜性和高效性。规划布局严格遵循科学原则，既达到了生态与美观的双重标准，也充分考虑了实用性与功能性，使绿地既成为城市景观的亮点，又显著提高了居民生活质量。同时，绿地的养护管理亦得到了周密规划，确保了日常维护的便捷与高效，从而保障了绿地能够长期维持优良状态，持续发挥其在生态和社会方面的积极作用。

第三，在城市规划与土地利用的总体设计中，应遵循"生态优先"的原则，把维护居民健康和提升自然环境品质作为绿地系统的基本职能。这要求规划工作首先要关注生态环境的保育与修复，保证绿地系统不仅起到城市美化的作用，更能有效优化城市环境，增进居民福祉，实现人类与自然的和谐共生。采取这样的规划策略，可以打造出一个既推动经济社会发展，又能持续保障和提升生态环境水平的城市空间结构。

第四，在推进绿化建设的过程中，我们需要高度重视经济效益与效率，力求以最小的资金和有限的土地资源，实现城市生态环境的有效改善。这要求我们在绿化项目的规划与执行中，必须精细设计、合理分配资源，并采纳性价比高的方案，确保每一笔投资都能最大限度地实现其生态和社会效益。采用这种方法，我们不仅能降低成本，还能显著提高城市环境质量，朝着可持续发展的目标迈进。

第五，在保护和合理利用地方生物资源的基础上，应积极建设绿色廊道，以维护和增强城市生物多样性。这意味着在城市规划和绿化建设中，要特别重视生态网络的构建，通过建立连续的绿色空间，为野生动植物提供迁徙通道和栖息地，促进物种交流与生态平衡。这样做不仅有助于保护自然遗产，还能提升城市的生态韧性，创造更加宜居的环境。

第六，在城市绿地规划工作中，我们需要将遵循法律规范与创新规划手段相互融合，以保证规划理念与措施能够紧跟时代步伐，满足新时期的发展需求。具体来说，就是在严格依照相关法律法规的前提下，积极探索和应用前沿的规划技术与手段，持续更新规划理念，以适应不断变化的社会经济条件。这样，我们制定的规划方案既能够得到法律的支持，又具备活力和前瞻性，为城市的持续发展提供有力保障。

第七，在城市规划与建设的过程中，我们应当深入挖掘并传承当地的历史文化精髓，推动城市在自然和文化两个维度的发展中，塑造出独具魅力的个性和风貌。这一过程不仅包含对历史文化遗产的保护与传承，更强调将这些文化遗产与现代城市设计相融合，打造出既拥有丰富文化内涵又反映时代特征的城市景观。这样的城市，不仅是适宜居住和工作的场所，更将成为一个充满魅力、令人向往的文化标志。

第八，在城乡一体化发展的框架下，应统筹考虑远期和近期的目标，充分利用生态绿地系统的循环与再生功能，构建一个平衡和谐的城市生态系统，推动城市环境的可持续发展。这意味着在规划和建设过程中，既要关注当前的生态环境改善，也要为长远的生态平衡打下坚实基础。通过科学合理地布局绿地，增强城市的生态服务功能，如空气净化、水源涵养、生物多样性保护等，可以有效提升城市居民的生活质量，同时促进经济、社会与环境的协调发展。

在实际操作中，一般实行分级审批，审批程序如下。

1. 建制市（包括市域和中心城区）的城市绿地系统规划，需由该市城市总体规划的审批主管部门（通常是上一级人民政府的建设行政主管部门）参与技术评审并进行备案，最终上报城市人民政府审批。这一过程确保了规划的科学性和合理性，同时也符合行政管理的要求。

2. 建制镇的城市绿地系统规划，需由上一级人民政府的城市绿化行政主管部门参与技术评审并进行备案，随后上报县级人民政府进行审批。这一流程确保了规划的技术可行性和行政合规性，促进了建制镇绿地系统的科学管理和可持续发展。

3. 大城市或特大城市所辖行政区的绿地系统规划，需先经同级人民政府审查同意，然后再上报至上一级城市绿化行政主管部门和城市规划行政主管部门进行联合审批。这一流程确保了规划方案的科学性和合理性，同时符合行政管理的要求，有助于推动城市绿地系统的有效管理和可持续发展。通过这种多层次的审查和审批机制，可以更好地协调各级政府部门之间的合作，确保规划的顺利实施。

三、规划指标的确定与计算

城市绿地标准是评价城市园林建设水平的关键指标，它不仅映射出一个城市的经济实力，同时也是环境质量和居民文化生活水平的直观体现。该标准通常由人均公园绿地面积（平方米／人）、绿地比率（百分比）以及绿化覆盖率（百分比）等核心指标构成。随着城市化进程的推进，园林绿地面积的适当增长是必要的，但这种增长不应是无节制的。绿地面积的不合理增加可能会造成土地资源的浪费，并加大绿化项目的经济投入。因此，精准设定城市在特定阶段的绿地指标显得尤为重要。这一过程中，需要在生态保护和经济利益之间寻求平衡，以确保城市绿地的发展既满足可持续发展的原则，又能切实提高居民的生活品质。

（一）影响城市绿地指标的因素

由于各种城市的具体情况不同，因此确定城市绿地的指标也应有所不同，主要从以下几大因素进行考虑。

1. 时代发展

随着我国社会经济的持续进步和民众生活水平的稳步提高，大众对生活品质和居住环境的要求也逐步升级。观察国内外发展潮流，可以发现城市居民对提升绿地标准的渴望愈发强烈。这反映出，在社会经济发展的背景下，人们对于优质生活环境的向往愈发迫切，对绿地的数量和质量提出了更高要求。鉴于此，城市规划与管理者必须持续地对绿地规划进行调整与优化，以迎合人民群众对美好生活环境的需求日益增长的趋势。

2. 城市规模

城市的规模大小对其所需绿地数量有着明显的差异性影响。以美国的相关规定为例，对于人口少于 50 万的城市，每人应配置大约 40 平方米的公园绿地；而人口达到 50 万以上的城市，这一标准则降至每人约 20 平方米。对于人口超过 100 万的超大城市来说，人均公园绿地面积进一步缩减至大约 13.5 平方米。这些规定明确揭示了城市规模与绿地需求之间的关联：城市人口规模越大，人均绿地面积越少。这主要是由于城市规模扩张导致土地资源变得更加紧张，使城市密度提高，进而限制了绿地的扩展空间。这些规范不仅体现了城市规划中面临的现实挑战，同时也为不同规模城市制定绿地规划提供了科学的参考依据。

3. 自然条件

城市的绿化指标受限于多种自然因素，诸如城市的地理位置、地貌地形、水文条件及地质特点等。一般而言，低纬度城市绿地面积较为丰富；而地形险峻、不宜建筑的地区，如陡峭的山坡和深谷，通常绿化空间较广；坐落在山区、湖泊或海滨的城市，绿地资源也相对较多。同时，水资源丰沛且分布均匀的城市，由于灌溉和养护工作较为容易开展，其绿化面积也较有可能增加。

4. 国民素质

国民的素质通常反映在其文化修养的水平上。通常，国民的整体素质越高，对城市绿地的需求也越强烈，进而使得绿地指标有所提升。另外，不同国家的民众对于自然的渴望以及对体育活动的热爱程度不一，这同样会对城市绿地指标的确定产生影响。例如，某些国家的民众更偏爱户外活动和亲近自然，这可能会增加他们对公园绿地的需求，从而影响到绿地规划的标准。因此，国民素质和文化偏好对城市绿地规划的具体要求和指标有着决定性的影响。

（二）城市绿地指标的确定

确定城市绿地指标是一项涉及众多领域、综合性极高的工作，它要求我们从多角度、全方位地考虑各种因素，因为这些因素之间相互影响，关系错综复杂。在评价城市绿地是否足够时，我们不能依赖单一的角度或标准进行判断。适宜的绿地规模需要建立在深入的调研基础上，既要考虑生态环境的需求，也要结合社会经济发展的具体状况。因此，在设定绿化目标的过程中，我们必须全面考量城市的规划结构、人口分布、环境状况、居民健康需求和经济水平等多个方面，努力实现生态和经济效益的协调与统一。

1. 国外城市绿地发展水平

在城市绿色空间建设方面，欧美等发达国家表现卓越，其大都市的绿地标准远超世界平均水平。举例来说，加拿大首都渥太华的人均公园绿地面积为 25.4 平方米；美国首都华盛顿更是高达 45.7 平方米；而瑞典首都斯德哥尔摩的成就更是令人瞩目，人均公园绿地面积达到了 80.3 平方米。除此之外，这些国家的森林覆盖率普遍超过 25%，显示了其深厚的生态保护理念。尤其值得关注的是，这些城市在增加绿地面积的同时，也非常注重绿地系统的科学规划和高效建设，以实现城市绿地的整体性和功能性。例如，莫斯科和华沙等城市，通过巧妙地结合城市中的道路、河流等自然与人工景观，将城郊的森林资源与城市内绿地相结合，构建了全面而高效的绿色生态系统。这种设计不仅显著提高了城市的环境品质，也为居民提供了更多亲近自然的机会，推动了人与自然的和谐共生。

2. 城市环境保护科学的要求

在确定城市绿地指标时，除了借鉴国际上一些代表性城市的成功案例外，还需从环境保护和生态科学的角度出发进行全面考量。这是因为城市绿地不仅仅是为了美观，更重要的是它们承载着多重生态和社会功能。城市绿地能够改善空气质量、调节城市微气候、减少热岛效应、提供生物多样性保护，同时还能为市民提供休闲娱乐空间，促进身心健康。因此，合理设定城市绿地指标必须综合考虑这些因素，确保绿地不仅能美化城市，更能有效提升城市的生态环境质量和居民的生活品质。

20 世纪 60 年代，德国专家们首次揭示了一个维持空气中二氧化碳与氧气平衡的关键发现：为了保障人类的生存生态需求，每位居民应当拥有至少 40 平方米的高品质绿地。这一发现促使德国制定了人均公园绿地面积不低于 40 平方米的城市规划标准。随着时间的推移，德国更新了这一标准，近年来规定新建城镇的人均公园绿地面积需达到 68 平方米。到了 20 世纪 70 年代末，联合国生物圈生态与环境组织进一步提出了城市理想居住环境的标准，建议每人应有60平方米的公园绿地。自1928年以来，美国国家公园管理局以及多个城市和相关机构陆续确立了每人40—80平方米的公园绿地建设指导方针。而在英国，政府对绿地建设的要求则区分为两个标准：旧城区每人应拥有20平方米的公园绿地，而新城区的标准则提高到了每人40平方米。这些标准凸显了不同国家和地区对于城市绿地重要性认识的提升，以及它们在推动生态平衡和提升居民生活质量方面所做的努力。随着科学研究的不断深入和城市化的快速推进，人们对绿地的需求也在不断演变，这促使世界各国不断调整和优化各自的城市绿地标准。

苏联科学家舍勤霍夫斯基经过观察发现，在无风无浪的条件下，冷空气从广阔的绿化区域向无树木的空地流动时，其速度能够达到每秒1米。基于这一现象，他提出，为了有效调节城市气温和改善空气质量，城市中的园林绿地面积应占总用地面积的一半以上。日本学者中岛严在其著作《科学环境》中阐述，当植被覆盖率低于30%—50%时，地表的辐射热量会迅速上升，进而导致环境质量迅速恶化。为了保持城市良好的环境状况，中岛严主张在城市规划和建设时，应确保绿化覆盖率不低于30%，将其作为基本准则，以保证城市拥有适宜的温度和空气质量，并为居民提供充足的绿色休憩空间。

3. 我国城市绿地现行标准

在规划城市绿地系统时，我们应积极汲取国际先进的经验和标准，同时充分考虑我国国情，努力探寻并构建适合我国实际需求的绿地指标体系，从而有效提高城市绿化程度，推动城市生态环境的持续优化。

除上述基本绿化指标外，对其他绿化建设要求也作出了相应的规定。

（1）新建住宅区内，绿化用地所占的比例不应低于总用地面积的30%。

（2）城市道路的绿化应依据实际状况进行优化，确保主干道绿化带的面积至少占道路总用地的20%，而次干道绿化带的面积占比则不应低于15%。

（3）城市中的水体，如河流、海洋、湖泊，以及铁路沿线所设置的防护林带，其宽度不应少于30米。

（4）绿地面积应至少占总用地面积的30%。具体来说，各类场所如工业企业、交通枢纽、仓储、商业中心等，其绿地率应保持在20%以上；针对排放有害气体及污染物的工厂，绿地率需提升至30%以上，并且依照国家规定，设立宽度不小于50米的防护林带。对于学校、医院、休疗养院所、机关团体、公共文化设施以及部队等机构，它们的绿地率应不低于35%。

（5）在城市建成区域内，生产绿地的面积占比不应低于总面积的2%。

（6）在旧城改造区域内，相关指标可根据本条第（1）（2）（4）项的规定，相应降低5个百分点作为执行标准。

4. 国家园林城市系列标准绿地指标

制定领先的城市绿地标准对于推动我国城市园林绿地建设向更高水平发展具有重要意义，其目的在于确保市民能够享受到必要的绿色生活环境。缺乏先进标准的指引，我们将难以构建出现代化且绿化指标突出的城市文明。因此，我国在 2016 年颁布的《国家园林城市系列标准》中，对包括国家园林城市、国家生态园林城市、国家园林县城，以及国家园林城镇在内的各级园林城市的核心指标进行了调整优化（具体内容详见表 2-1），同时还制定了一系列配套的建设标准。这些措施旨在通过科学的规划与建设，全面提升我国城市的绿化水平和生态环境质量，促进城市可持续发展。

表 2-1 国家园林城市系列标准基本指标表

指标类别		国家园林城市	国家生态园林城市	国家园林县城	国家园林城镇
建成区绿化覆盖率（%）		≥ 36	≥ 40	≥ 38	≥ 36
建成区绿地率（%）		≥ 31	≥ 35	≥ 33	≥ 31
人均公园绿地面积（平方米/人）	人均建设用地小于 105 平方米的城市	8	≥ 10	≥ 9	≥ 9
	人均建设用地大于等于 105 平方米的城市	9	12		

以下为国家园林城市标准中的部分配套指标。

（1）超过 80% 的城市居民对城市园林绿化表示满意或非常满意。

（2）城市公园绿地实现 80% 及以上的服务半径覆盖率。

（3）每万人拥有的综合公园数量不低于 0.06 个。

（4）城市建成区的绿化覆盖中，乔木和灌木的比例需不低于 60%。

（5）每个区域的绿地占有率至少应达到 25%。

（6）各个城区的人均公园绿地面积最低标准不得低于 5.00 平方米/人。

（7）新建或改建的城市居住区域，其绿地达标率需不低于 95%。

①新开发区域绿化覆盖率不应低于 30%，而对于旧区域改造，绿化覆盖率也应保持在 25% 以上；

②居住区或小区需为 2002 年及以后年份新建或进行改建的。

（8）园林式居住区的合格比例或年度增长率需满足以下条件：合格比例不低于 50%，或者年度增长率达到或超过 10%。

（9）城市道路绿化普及率大于等于 95%。

（10）城市道路绿地达标率大于等于 80%。

①园林景观路，绿地率不得小于 40%；

②红线宽度大于 50 米的道路，绿地率不得小于 30%；

③红线宽度在 40—50 米的道路，绿地率不得小于 25%；

④红线宽度小于 40 米的道路，绿地率不得小于 20%。

（11）城市防护绿地实施率大于等于 80%。

（12）公园免费开放率大于等于 95%。

（13）自然水体岸线的自然化程度不低于 80%，同时确保城市河湖水系维持其自然连通状态。

（14）林荫路推广率大于等于 70%。

国家园林城市系列标准的实施，对推动我国城市绿化建设进程起到了极大的推动作用。在数十年的持续努力下，众多城市如珠海、深圳等，在人均公园绿地面积、建成区绿地率和绿化覆盖率等方面，已经达到甚至接近了国际先进国家的水平。这些成就的取得，既提高了城市生态环境的质量，也为市民营造了更加舒适宜人的生活空间。

四、城市绿地系统布局

城市绿地系统的布局模式是其内在结构与外观形态的统一体现，目标是通过科学规划与紧密连接各类绿地，打造出一个融合城市与自然环境的绿地网络。这一系统不仅要满足市民的文化娱乐及休闲需求，还需确保城市生活的安全、生产的顺畅进行，以及工业生产的环境友好。鉴于不同城市拥有其独特的自然条件和风貌，城市绿地系统的布局形式也各具特色，各种布局方式不仅适应了各自的地理环境，也展现了各个城市独有的自然景观与人文风貌。

（一）城市绿地系统布局的原则

城市绿地系统规划应该满足以下基本要求：

第一，在进行布局设计时，应充分考量当地的实际情况，最大限度运用现有的城市结构、自然景观及植被资源。科学规划绿地系统的架构，旨在彰显城市的独特景观与风格。这种做法不仅能提升城市的生态环境功能，还能更加完美地呈现城市的自然美景和丰富的文化底蕴。

第二，公园绿地的规划应以满足市民休闲游乐的需求为核心宗旨，重点考虑适宜的服务半径，保障市民能够便利迅捷地抵达，享受邻近绿地的休憩与舒适。这样的设计不仅能够提升市民的生活水平，还能增进城市绿地资源的利用率和居民的幸福感。各类公园的服务半径如表 2-2 所示。

表 2-2 城市公园的合理服务半径

公园类型	面积规模（公顷）	规划服务半径（米）	居民步行来园所耗时间（分钟）
市级综合公园	≥ 20	2000—3000	25—35
区级综合公园	≥ 10	1000—2000	15—20
居住区公园	≥ 4	500—800	8—12
小区游园	0.5	300—500	5—8

第三，城市防护绿地的规划与建设需要综合考虑工业卫生、生态保护、交通隔离以及城市不同功能区域间的防护需求。科学合理的布局能够确保这些绿地充分发挥其防护功能，从而为城市居民营造一个更加健康、安全、和谐的生活环境。

第四，楔形绿地的设计目标应着眼于缓解城市热岛现象、优化局部气候条件，发挥夏季主导风向、利用地形及水系等自然元素，科学合理地进行规划与建设，以充分发挥其生态效益的最大化。采用这样的方法，我们不仅能够提升城市小气候环境，还能推动城市与自然的和谐融合。

第五，带状绿地的规划与建设应充分考虑道路景观、滨河景观、铁路景观以及生态保护的需求。通过合理布局，带状绿地不仅能够美化城市环境，提升景观质量，还能发挥重要的生态功能，如改善空气质量、保护生物多样性等，从而促进城市生态环境的可持续发展。

第六，在建设城市环境绿色空间时，关键是确保各个绿地要素之间的有机融合。在具体实施过程中，应当全面考量以下四个关键点：首先，要将点状绿地（如公园、小游园）、线性绿地（如街道绿化、休憩林荫道、河岸绿地）、面状绿地（如遍布城市各处的附属绿地）进行有效整合；其次，要平衡大型、中型和小型绿地的空间布局；再次，要实现绿地集中与分散的合理配置；最后，要明确区分重点绿地与一般绿地，确保它们共同构成一个连贯的生态整体。只有这样，才能将不同功能的绿地联结为一个统一的系统，从而有效优化城市生态环境和气候条件。

（二）城市绿地系统的布局模式

1.基本布局模式

城市规划中，绿地系统的基础布局形态主要包括八种：点状、环状、廊状、带状、放射状、楔状、指状和绿心状。这些布局方式可根据城市的地理特征、发展规划及生态要求进行灵活组合与选择，目的是实现最优的生态效果和生活环境品质的提升。

根据国内外城市绿地系统规划布局的实践情况看，以下几种布局模式较为常见。

（1）点（块、园）状绿地布局

点状、块状或圆形的绿地，指的是那些具有独立形态和明确界限的绿色空间，包括规模较大的公园、广场、生产性绿地等集中式绿色区域，以及分布在街头巷尾的小型绿地、社区游园、住宅区内的附属绿地和单位绿地等分散式小型绿色地带。这些绿地不仅按面积大小分为大型、中型和小型，其内容和复杂程度也各不相同，分布上既有集中分布也有分散布置的特点。这种布局在旧城区改造中十分普遍。

由于旧城区改造中建设成本较高，打造大片连续的绿地或绿带往往较为困难，因此小块的点状绿地成了常见的选择。例如，上海和长沙的老城区在绿化建设上就采用了这种策略。点状绿地的布局优势在于能够实现较为均匀的分布，与居住区域紧密结合，方便居民在日常生活中使用。尽管这种布局模式在塑造城市整体艺术风格上的影响力有限，且在改善城市小气候方面的效果不如其他布局方式显著，但点状绿地依然是提高城市绿化覆盖率、优化居民生活环境的有效手段之一。

（2）环状绿地布局

环状绿地模式呈现出环形的布局特点，一般位于城市的边缘地带，经常与城市的环形交通系统（例如城市环路、环城高速等）共同规划。这种绿地主要以防护绿化带、城郊森林及风景游览区域等形式出现。另外，部分城市的环状绿地也会位于市中心，这些绿地常常依据老旧城墙、水系或内环路等自然和人工界限进行设计。比如，我国的北京环城绿带规划以及英国的伦敦环城绿带规划都是典型的案例。

环状绿地模式的主要目的是为了控制城市的无序扩张，避免大城市与周边小镇盲目融合，保护城市与乡村风光的独特性。这种规划不仅有利于优化城市的生态环境，还能在提高城市整体美感方面起到关键作用。通过打造环状绿地，城市可以更好地保持其自然与文化特色，同时为居民提供休闲和旅游的场所，推动人与自然的和谐相处。

（3）廊状绿地布局

绿色廊道是一种具有显著自然特色的线性空间，通常与城市中的河流、湖泊、主要道路、铁路、高压线路、古城墙以及连绵的山体等地貌特征相结合进行规划设计。这一绿色通道和生态纽带，不仅连接城市中的点、线、面、片区、环路和楔形区域，而且在城市绿地系统中起着至关重要的作用，特别是在促进内外部连通性方面。绿色廊道不仅具有显著的生态效益，还融合了休闲、审美和文化等多重功能。它可能是配备有充足缓冲区的蓝道，包括两侧的植被、河岸、湿地等水道，也可能是源自欧洲传统的公园道，其主要目的是引导人们通往公园的道路。此外，绿色廊道还可以是城市中的带状公园、狭长的自然保护区、防护林带，甚至是由废弃的铁路、公路等城市线性空间经过改造而成的。例如，河北新乐市的城市绿色廊道规划，以及波士顿知名的"翡翠项链"公园系统规划，都是这一理念的具体体现。

绿色廊道布局模式最重要的作用是为野生动物提供安全的迁徙路径，从而保护城市生物多样性。绿色廊道在为城市注入新鲜空气、减轻热岛现象、优化城市气候条件等方面扮演着至关重要的角色。这些廊道还能极大地提升城市的视觉景观和艺术氛围，增强城市整体的审美价值和居住品质。借助这些具备多重功能的绿色通道，城市不仅达到了生态平衡的目标，同时也为市民创造了一个更为健康和舒适的生活空间。

（4）楔状绿地布局

楔形绿地，得名于其在城市平面图上形似楔子，是从城市边缘向内部延伸的一种绿地形式。这种布局沿着城市的放射性路径逐渐深入，通常与城市的交通线路、水系、地形等自然及人工元素相融合，同时考虑到城市周边农田与防护林带的规划。楔形绿地的设计还注重与城市主导风向的协调，以促进外部新鲜空气流入城市，优化城市小气候。

例如，合肥和莫斯科等城市的外围楔形绿地，都是这种布局的典范。楔形绿地往往与其他绿地规划方式相结合，形成环状与楔状相融合或是楔状放射等复合型模式。这些综合运用不仅有效地引导自然气流，减轻城市热岛现象，还大大提升了城市的生态环境质量和景观美感，并为市民提供了丰富的绿色休憩空间。

该绿地布局模式的一大亮点在于其有效改善城市小气候的能力。通过巧妙地将市区环境与郊外自然景观融合，促进了城乡之间的空气对流，有效地减轻了城市热岛现象，维持了城市生态的平衡状态。此外，这种布局方式在塑造城市艺术风貌、构建人与自然和谐共存的现代都市方面发挥着关键作用。采用这种模式，城市不仅优化了生态环境，也提升了整体的审美价值和居住品质，为市民营造了一个更为宜人和健康的生活空间。

（5）绿心状绿地布局

这种城市规划模式以城市中心区域广阔的绿色空间为核心，常被亲切地称为"绿心"或"绿肺"，旨在替代传统市中心常见的拥挤、繁忙和嘈杂。这种模式的优势显而易见，中心区域广阔的绿地不仅显著提升了当地的生态环境，还能有效缓解城市热岛现象，提供清新的氧气及休闲空间。

在国际上，荷兰的兰斯塔德地区是这种模式的典范，通过在市中心打造大型绿地，极大改善了城市环境。而在中国，四川乐山市也成功实践了这一理念。乐山市的绿地系统以生态学原则为基础，充分考虑了当地的自然资源和生态环境，采纳了"绿心环形生态城市"的设计理念。这一设计打破了传统的同心圆城市发展模式，用宁静的"绿心"取代了喧嚣的市中心，构建了"城市在山水之中，山水在城市之内"的独特城市景观。这种布局不仅提高了城市的环境品质，还为市民提供了高品质的休闲与生活空间，实现了人与自然的和谐交融。

2. 组合布局模式

某些地区根据自身的实际情况，将多种基础布局方式结合起来，形成了众多新颖的复合布局形式，如环状与楔形相结合、环网与放射状相融合，以及廊道网络型等多种模式。

（1）环楔式绿地布局

环楔式绿地布局，即在城市的周边打造环状绿色空间，并通过类似楔形的绿地将郊区和建成区域紧密联系起来，塑造出环状与楔状相结合的独特绿地形态。比如，海南省琼山市新市区的绿地规划就巧妙地利用了当地水系，打造出了一个典型的环楔式绿地结构。

在有些城市中，用地呈现出类似同心圆的扩散形态，中心商业区及城市外围均环绕着绿化带，形成了多个环状绿带。这些绿带通过楔形绿地深入城市中心，构建出了多环楔模式的绿地系统。北京的城区绿地规划便是这一模式的代表，其通过设置多层次的环形绿带和楔形绿地，构建了一个立体的绿地网络。这种规划不仅优化了城市气候，也为市民提供了众多绿色休憩场所，同时丰富了城市的生态多样性和提升了景观魅力。

（2）环网放射式绿地布局

融合城市组团的规划理念，打造出环绕式的绿化控制带，这一设计从城市生态的视角出发，综合考虑风向频率及农业结构的调整。依托"江、河、湖、海、路、岛"等自然与人工景观，采用楔形绿地的形态将乡村风光引入城市，并与郊区的广阔生态林地相连接。该布局模式以"环、楔、廊、园、林"为架构，实现了区域、板块、森林的有机结合，构建了环状放射式的绿地系统。

这种环状放射式布局不仅优化了城市的整体功能，如调节微气候、减轻热岛效应、提供休闲场所以及丰富生物多样性，还成为我国众多城市绿地规划的首选模式。例如，上海、合肥和南京等城市，它们的绿地系统不仅显著提升了环境质量，也为市民提供了充裕的绿色休闲空间，促进了城市与自然的和谐交融。

（3）廊道网络式绿地布局

在城市中，众多带状绿地与"绿色廊道"纵横交错，这些廊道不仅将城市内的绿色区域紧密相连，还将城市周边的森林、农田等自然景观整合起来，共同构建起一个错综复杂的绿地网络系统。以美国新英格兰地区的绿道网络规划为例，该规划展示了在不同尺度上互联互通的绿道网络，并特别提出了对廊道宽度的要求。对于物种迁移来说，更宽的廊道和更密集的网络更为理想，然而，不同物种对廊道宽度的需求却存在差异。

这种网络化的绿地系统不仅能够促进物种的迁徙和生物多样性的保护，还能改善城市的生态环境，提供休闲和娱乐空间，提升城市的整体景观质量。新英格兰绿道网络的成功经验表明，通过精心规划和设计，城市绿地系统可以成为连接自然与城市的桥梁，为居民和野生动物创造一个和谐共存的环境。

组合布局模式结合了多种基础布局的优势，因其综合性与全面性。这一模式的优势主要集中在以下几个方面：首先，它能有效地与城市各类元素如工业与居住区、道路交通、地形地貌以及植被分布相融合，最大化地利用自然与文化遗产，打造具有地方特色的绿地系统。其次，通过点线面的巧妙布局，该模式有助于构建一个连贯的城市绿色网络。再次，它为市民提供了更多接触绿色空间的机会，不仅有利于休闲娱乐，还能改善城市的生态环境和微气候。最后，组合布局模式在提升城市整体和局部地区的艺术氛围、增强城市文化魅力等方面起到了积极作用。

3. 其他布局模式

除了已经探讨过的布局模式外，某些城市还根据自己的地理位置、文化特色以及独特的发展定位，探索了一些具有本土特色的规划方式。这些方式涵盖了利用城市的地理和文化特点促进发展的模式、依照城市的山水格局构建的模式，以及以功能需求为中心的规划模式等。

（1）结合城市地理人文特点而发展的模式

在环山傍水或以团状分布为特征的城市中，一种普遍的城市设计手法是规划出多条线性绿带穿插于城区之间，或是构建多个集中的绿地群，以此来实现城市空间的合理划分。这种规划方式巧妙地利用了城市的自然地形和水文特点，打造出了一个独具特色的绿色网络系统。以1946年的英国哈罗新城规划为例，设计师吉伯德（F. Gibberd）在规划中最大限度地保留了原有的地形和植被，运用自然流畅的曲线设计与之和谐融合，创造出了一个环境宜人、城市与自然浑然一体的居住空间。这样的设计不仅美化了城市景观，也极大地提升了居民的生活质量。另外，1954年的平壤重建规划同样是一个典范。该规划以河流等自然景观为依托，把城市划分为多个相互联系又相对独立的区域，使得绿地系统与城市结构紧密结合，形成了一个生机勃勃的有机整体。这样的布局不仅改善了城市的生态环境，也提升了城市的整体审美和居住的舒适度。这些案例共同证明，通过精心的绿地规划，可以最大限度地发挥城市的自然资源优势，实现人与自然的和谐共生，为居民打造一个更加宜居和健康的生活空间。

（2）结合城市山水格局的模式

城市在构建特色山水格局时，可依托其自然山水脉络、人文景观或独特的地理形态进行巧妙设计。以杭州为例，这座城市充分发挥了其得天独厚的自然景观和深厚的人文底蕴，构筑了涵盖"山、湖、城、江、田、海"的生态网络。在此基础上，形成了以"两环一轴"为生态主轴的城市结构。杭州还规划了众多次级生态廊道和斑块状绿地，打造了环绕中心区域的环状绿地与楔形绿地相结合的模式，呈现出别具一格的山水城市风貌。同样，兰州也是一个很好的例证。受限于特殊的地形条件，兰州沿着河谷形成了带状城市布局。其盆地的地形特征促使绿地系统以优化生态环境和减轻城市污染为宗旨，形成了带状骨架、环状闭合、楔形和点状相结合的布局方式。这种布局不仅显著改善了城市生态环境，也为市民提供了充裕的绿色休憩空间，提高了城市的居住品质。这些案例说明了如何依据城市的自然与人文特色，科学地规划绿地系统，以实现人与自然的和谐共生，进而提升城市的生态质量和居民的生活体验。

（3）以功能性为主导的模式

此模式以深圳为代表。深圳在城市绿地系统规划方面进行了突破性的创新。其规划不再仅仅局限于传统的点、线、面的布局模式，而是在市域和建成区两个层次上，以生态性、人文性和景观性为三大核心功能，对城市绿地系统进行了全新的划分。这一模式将城市绿地系统细分为三大子系统：以"区域绿地、生态廊道体系、城市绿化空间"为一体的生态型城市绿地子系统，以"郊野公园、城市公园、社区公园"等为主的游憩型城市绿地子系统，以及景观型城市绿地子系统。这样的设计构建了一个层次丰富、结构多样、功能全面的绿地系统架构。

实际上，城市绿地系统的规划布局具有多样化的特点。目前的发展趋势显示，"环网放射型"模式已成为城市绿地系统布局的主流趋势，预计在未来将更广泛地被采用。

然而，在具体实施城市绿地系统规划时，虽然有多种布局模式可供选择，但很难找到一种能够普遍适应所有城市的"万能"模式。在实践过程中，很少有城市会单一地采用某一种布局模式，相反，大多数城市倾向于采用组合式的布局策略。这种方法能够更加精准地适应城市特定条件，融合不同模式的优势，从而实现城市绿地系统的最优配置。

通过融合多种布局模式，城市能够更加灵活地应对复杂的地理、文化和生态环境需求，进而提高城市整体的生态环境水平，改善居民的生活质量，并推动城市的可持续发展。这种多元化的布局策略不仅展现了城市规划的灵活性与创新精神，同时也为城市绿地系统的长期发展奠定了坚实的基础。

城市规划中的绿地布局需依据城市的现有绿地状况和自然条件，紧密融合城市总体发展规划，以实现科学合理的规划与布局，构建起全面的城市绿色网络体系。这一过程为规划师提供了广阔的舞台，以发挥他们的主观能动性和创新思维。借助精准科学的规划手段，规划师能够创造性地解决城市绿地系统中的诸多难题，实现生态环境、景观效果与实用功能的和谐统一，进而提高城市整体环境质量和居民的生活水平。这种灵活且富有创新的规划策略，不仅满足了城市发展的多元需求，更为城市的长期可持续发展打下了坚实的基础。

五、城市绿化树种规划

城市的生态环境质量与植被的保护和利用紧密相连，树木作为植被的核心，其选择对城市绿化进程及其质量有着决定性的影响，是城市绿地系统规划中的核心部分。因此，进行科学合理的树种规划显得尤为关键。这项工作一般需要城市规划师、园林专家以及植物学领域的专业人士等多领域人才的通力合作。借助精心策划和选择的树种，我们能够有效加快城市绿化步伐，优化生态环境，提升城市美观度，进而增强城市的居住舒适度。

（一）树种规划的原则

城市绿化树种规划应遵循以下几项基本原则。

1. 适地适树原则

在选择树种时，应充分考虑城市的地理、土壤和气候条件，遵循森林植被地理区的自然规律，优先选择当地有代表性的地带性乡土树种。乡土树种对当地土壤和气候条件适应性强，能够充分体现地方特色。同时，适当引入经过驯化的外来树种，根据树木的生物学特性和景观特性，结合具体的立地条件和景观要求进行合理配置。这样不仅可以增加城市的生物多样性，还能丰富城市景观，提升城市整体生态环境质量。通过科学合理的树种选择和配置，可以实现城市绿化与自然环境的和谐共生，为居民提供更加优美和宜居的生活环境。

2. 乔、灌、花、草相结合的原则

从城市规划的绿化策略来看，应以乔木为核心进行绿化，同时融合乔木、灌木、花卉、草本植物及地被植物，打造出富有层次感的立体绿化景观。这种设计不仅能够最大化发挥绿地的生态功能，而且遵循常绿与落叶植物相结合的原则，以增强植物季节变换的视觉效果。通过构建这种多层次、多品种的绿化布局，不仅有助于提升城市生态环境的整体质量，还能增强城市景观的审美价值，为市民营造更加丰富多彩的绿色环境。

3. 速生树种与慢生树种相结合的原则

在城市绿化初期，优先选择快速生长的树种是适宜的，因为这些树种可以迅速展现良好的绿化效果，并且易于形成树荫。它们能够快速实现城市树木成荫的目标。但是，这类树种通常寿命不长，20 年左右就需要替换和补充。因此，在绿化规划中还应考虑到与生长速度较慢的树种相结合。慢生树种虽然需要更长的时间才能显现效果，但它们的寿命较长，能够持续发挥绿化作用，从而有效补充速生树种更换期间可能出现的影响。合理搭配速生与慢生树种，既可以保证城市绿化在短期内取得成效，又能确保绿化工作的长期稳定与持续性。

4. 生态效益与景观效益相结合的原则

在选择城市绿化树种时，应着眼于生态效益，优先考虑那些对工业废弃物、污染和病虫害等负面影响有较强适应性的树种，同时也应选择那些能够适应不同土壤和气候条件的种类。这样做可以最大化绿化的生态作用。此外，在选择树种时，还应考虑到其美观和经济效益，优先选择具有观赏价值，如开花、结果、形态独特或颜色鲜艳的树种，以构建多样化的植物群落。通过这种全面考量的方法，我们可以实现生态、景观和经济三种效益的和谐统一，从而提高城市的环境质量和居民的生活水平。

（二）树种规划的编制内容

开展城市绿化树种规划的一般工作程序如下。

1. 调查研究和现状分析

开展绿化调查研究和现状分析是树种规划工作的根本，所搜集的数据必须确保精确、完整、科学。通过实地勘察与深入分析，我们需要明确掌握绿地的现状与存在的问题，并对城市的树种状况进行客观合理的评估。

具体而言，我们要调查本地植被的地理分布情况，并对本地原生树种及引入的驯化树种的生态特性和生长状况进行详尽分析；评估现有绿化树种品种是否多样；新引入的优等树种是否具有明确的适用性，是否已经完成了引种、驯化和适应性种植；大树和截干树的移植比例是否适宜；绿化种植及养护管理水平是否达到了标准要求；当前绿化树种的生态效益、景观效果和经济效益的融合状况。掌握这些详细情况对于后续的规划工作至关重要。

2. 确定基调树种

城市绿化中选用的基调树种，应具备凸显当地植被特色、体现城市风貌，并能作为城市景观显著标志的特性。以长沙市为例，依据其丰富的历史底蕴、当前状况以及未来发展规划，精心挑选了香樟、广玉兰、银杏、枫香、桂花等 13 种乔木，以及竹类和棕榈树作为基调树种，进行广泛推广与应用。这些树种不仅彰显了长沙的地域文化特色，还大大提升了城市整体的景观品质，成为城市绿化工作中不可或缺的标志性元素。

3. 确定骨干树种

城市绿化中的骨干树种，是指那些具备显著优势，在多种绿地中广泛使用、数量众多且具有良好发展前景的树种。这些树种涵盖了行道树、庭园树、抗污染树、防护绿地树及生态风景林树等类型。特别是城市主干道上的行道树，其选择标准尤为严格，因为它们生长的环境条件相对恶劣，必须具备良好的耐旱、耐寒、抗污染及抗病虫害等特性。

确定骨干树种的名录需要基于广泛的实地调查和历史资料研究，同时考虑到当地的气候和自然环境。这一过程涉及对现有树种的生长情况、适应能力和景观效果的全面评估，以及对城市未来发展方向和需求趋势的深入分析。通过严谨科学的筛选程序，确保所选骨干树种能在不同环境中稳定生长，最大限度地发挥其在生态、景观和经济方面的价值。

4. 确定树种的技术指标

在城市绿化规划中，巧妙地平衡不同植物种类的种植比例，此策略不仅显著提高了城市绿地的生物量及其生态效益，还使得绿化景观看起来更加美观和生机勃勃。此外，这种规划对苗木生产起到了导向作用，保证了绿化苗木种类和数量与城市建设需求相匹配。在具体的树种规划上，需要综合考虑裸子植物与被子植物、常绿与落叶植物、乔木与灌木、木本与草本植物、本土与引进植物、快速生长与中速生长及缓慢生长树种之间的比例，同时还要关注城市绿地中乔木的种植密度、种植土层的厚度以及行道树的种植标准等关键因素。

在城市绿化进程中，通常优先选择乔木作为主体，乔木与灌木的理想比例大约为 7 ： 3。关于常绿与落叶树种的比例，鉴于落叶树种生长迅速、成效显现快，而常绿树种虽然生长缓慢但寿命较长，因此在绿化的初期阶段，应更多地使用落叶树种，其比例可占 70%—80%。随着时间的推移，3—5 年后，绿化效果开始显现，此时可以逐渐增加常绿树种的比例，以促进生态稳定性和景观多样性。

同时，在城市绿化中，应优先考虑使用乡土树种，因为它们对本地气候的适应性强，维护成本较低，理想占比应为 70%—80%。对于引入的外来树种，应谨慎使用，并确保它们经过适当的驯化和适应性培养，以保证其在当地环境中的良好生长和生态效益。通过这种精心规划的树种搭配，我们可以显著增强城市绿化的总体效能，实现生态环境、景观美学和经济价值的和谐统一。

5. 市花和市树的选择建议

市花和市树的选择一般从以下几个方面进行综合考虑。

（1）优先挑选那些源自本地乡土，或者在引入后已有较长时间栽培历史的外来树种。

（2）具备良好的适应能力，可在我国城市区域内广泛推广使用。

（3）具备优美的视觉景观与显著的生态效益。

（4）具有显著影响力、较高知名度，或独具地域特色，亦或是蕴含深厚文化底蕴。

（5）选取市树时，宜优先考虑乔木，以展现其雄伟壮观之姿，同时需具备优美的树形和长久寿命。而市花则应选择那些花朵色彩艳丽或形态独特者。

6.编制城市绿化应用植物物种名录

城市绿化植物名录应包含适用于绿化的各类植物，涉及乔木、灌木、花卉及地被植物等。详尽的植物种类记录对于科学地规划和管理城市绿化至关重要，它能确保植物种类的多样性和生态效能。借助完整的物种名录，绿化工作将变得更加有序和专业，进而提高城市整体的景观效果和生态环境质量。

7.配套制定苗圃建设、育苗生产和科研规划城市

苗圃建设规划，通常以市、区两级园林绿化部门主管的生产绿地为主。

近年来，我国多数城市出现了郊区农业纷纷转向绿化苗木和花卉生产的情况，这改变了传统的以国有企业为主的绿化苗木生产格局。面对这一变化，我们应该从深化体制改革和促进城市化发展的角度来认识，并提出相应的规划措施，以加强城市绿化育苗生产的行业管理。

六、生物多样性保护规划

生物多样性是指在特定空间范围内存在的活的有机体（包括植物、动物和微生物）的种类、变异性和生态系统的复杂程度。它通常分为三个不同的层次：生态系统多样性、物种多样性和遗传（基因）多样性。生物多样性是人类赖以生存和发展的基础，保护生物多样性已成为当今世界环境保护的重要组成部分。在城市环境中，保护生物多样性对于改善自然生态和提升居民的生活质量具有重要作用，是实现城市可持续发展的必要保障。

在开展生物多样性规划时，首要步骤是强化地方性的研究工作，明确该地区的气候特征及主要影响生态的要素。这包括识别该地区所属的植被区划、植被带及其特有的地带性植被类型，同时确定构成这些植被的主要物种和优势物种，特别是那些适合用于城市绿化的本土树木种类。接下来，需编制一份详细的立地条件分类表，以及一份针对城市绿化的"适地适树"推荐列表，旨在为城市绿化提供科学指导。此外，还应构建一个涵盖城市绿化植物资源的信息系统，以支持数据的管理和利用。对于城市内的动物群体，如鸟类和昆虫等，也应进行全面的调查，并形成详尽的物种名录。在此基础上，生物多样性规划将从生态系统的多样性、物种的多样性和遗传的多样性等多个维度展开，确保规划的全面性和科

学性。

植物多样性保护规划包括以下几点内容。

（一）植物基因多样性保护规划

充分利用植物的变种和形态多样性，同时发挥栽培品种的丰富性及植物原产地的多样性。这意味着在规划中不仅要考虑植物的不同形态和变种，还要广泛采纳各种栽培品种，并重视不同地理来源植物的引入与应用，以此来增强生态系统的稳定性和美观性。通过这种方式，可以有效地促进生物多样性保护，同时提升环境的质量和生态功能。

（二）植物物种多样性保护规划

1. 本地植被气候带

在未来数年内，我们计划深入探索并发现众多本土植物新品种。对这些新发现的园林植物，我们将进行详尽的生物学特性、生态习性和城市绿化适应性的研究。通过细致观察和评估，我们将挑选出生长力强、具备良好抗逆性和高观赏价值的植物品种。我们的目标是，将这些精选植物种类广泛应用于城市园林绿化中，逐步丰富城市绿地的植物种类，进而提高城市的生态水平和景观美观度。

2. 相邻植被气候带

为了提升城市园林绿化的生物多样性，未来几年内，我们计划引入众多适宜本地气候和土壤条件的外来植物种类。我们会对这些新引入的植物进行全面的生态安全评估和生长适应性研究。经过持续的试种与实验，我们将挑选出那些生长旺盛、适应力强、在逆境中表现突出的品种，同时要求它们具备较高的观赏性和与本地植物群落和谐共存的能力。这些经过精心筛选的植物将逐步融入城市绿化工程，旨在进一步提高城市生态环境的整体品质。

3. 建立种质资源保存、繁育基地，提高园林植物群落的物种丰富度

我们将着手打造一个专业的种质资源基地，重点进行彩叶树种、行道树、珍贵花卉以及水生植物的种质筛选和繁育工作。此举目的是通过增加植物种类，高效利用立体空间的生态位资源，打造一个生物多样性丰富、结构多元的园林植物生态系统，进而显著提高城市绿化在视觉美感和生态功能方面的综合效益。

（三）生态系统多样性保护规划

在自然功能区的规划中，我们重点关注的是保护和恢复区域内独特的植被及其相应气候带内的各类自然生态系统与群落类型，致力于保持自然环境的原始风貌。通过丰富城市绿地的生物多样性，采用模拟自然群落的设计方法，我们旨在

建立一个复杂而稳定的食物网，促进多种生物在同一个生态系统中和谐共生。这一战略不仅能够提高城市的生态环境质量，同时也有助于提升公众对自然保护的认识和参与热情。

（四）珍稀濒危植物保护规划

针对珍稀濒危植物的保护，我们采取以原生地保护为主、异地保护为辅的策略，旨在扩大这些植物的种群规模。通过建立或恢复适宜的生存环境，确保珍稀生物资源得到有效保存与发展。这一措施不仅有利于保护生物多样性，还为未来可能的生态恢复和科学研究保留了宝贵的遗传资源。

1. 就地保护

建立保护区，旨在丰富景观的多样化；执行栖息地的维护与修复项目，有效减缓物种灭绝的速率，并保护遗传多样性；在城市周边打造连贯的生物景观绿化网络，特别重视对湿地、山地等特殊自然环境的保护及其所维持的生态系统平衡。这些措施的目标是营造一个更加健康且多样化的城市周边自然景观，推动人与自然的和谐共生。

2. 迁地保护

打造植物园的同时，有策略地建立关键物种的资源保护区或基因库；构建并优化珍稀濒危植物的异地保护网络体系，以保障遗传资源的稳定安全。这些举措的目的是为珍稀植物营造一个安全的生存空间，维护其遗传多样性，为将来的生态修复和科学研究奠定坚实的基石。

（五）具体保护措施

1. 开展普查

开展生物多样性资源的全面调查，编制资源评估报告，明确划定重点保护区域，并建立生态监测档案。这一系列工作旨在系统地了解和保护当地的生物多样性，为生态保护和管理提供科学依据。

2. 加强保护和发展城市公园及绿地系统

城市公园和绿地作为城市生物多样性的关键载体，肩负着保护和维持生物多样性的重任。这些绿色空间不仅是城市居民休闲娱乐的重要场所，也是众多植物和动物物种生存和繁衍的家园，对于提升城市生态质量和生物多样性水平具有不可替代的作用。

3. 加强动植物园建设，开展科研和科普工作

加强濒危植物的人工繁殖研究，目标是建立具有一定规模的保护群体。通过科学研究和技术手段，提高濒危植物的繁殖成功率，确保这些珍贵植物种群能够得到有效的保护和恢复，为生物多样性的保护做出贡献。

七、古树名木保护规划

古树名木不仅是充满生命力的宝贵文化遗产，更是中华民族悠久历史和辉煌文明的标志与见证者。研究这些现存的老树，我们能深入了解过去数百年甚至数千年的气候变化、水文状况以及地理环境的变迁。同时，古树名木也承担着重要的社会功能，它们既是进行爱国主义教育的有力工具，也是传播科学文化知识、促进国际友谊及推动文化交流的珍贵资源。

精心呵护古树名木，不仅是社会文明发展的标志，也是保持城市生态环境和优化景观资源的必要举措。对于那些承载着深厚历史文化的城市来说，保护好这些古树名木更是义不容辞的责任，因为它们是城市文化底蕴延续和发扬的重要组成部分。

（一）古树名木的含义与分级

1.古树名木的含义

古树是指那些树龄已达到或超过百年的树木。名木则是指那些在国内外较为稀有，且具备重要历史意义、纪念价值或显著科研价值的树木。这些树木不仅是自然界中的宝贵财富，还蕴含着丰富的文化和科学内涵。

2.古树名木的分级及标准

古树名木按照其年代久远程度及价值高低被分为两个级别。一级古树名木是指那些年龄超过300年的古树，以及极为稀有、价值连城或承载着重要历史意义与纪念价值的名木。而二级古树名木则是指那些年龄在100—300年之间的古树，以及具有一定珍贵性或历史意义的树木。这种分类体系有助于更有效地对这些宝贵的自然遗产进行管理与维护。

（二）保护方法和措施

1.技术养护管理

除了基本的养护手段，比如施肥和病虫害防治之外，部分古树名木还需要特殊的保护措施。这包括但不限于安装避雷针和设置防护围栏，修补树洞和受损部位，加固可能劈裂或倒塌的枝干，以及优化它们的土壤和生长环境。除此之外，定期对古树名木进行详尽的检查也是必要的，包括观察物候变化以及监控病虫害和自然灾害的情况，这样便于及时制定并执行针对性的复壮方案。这些全方位保护措施的目的在于保障古树名木健康成长，延长其生命周期，从而保护这些宝贵的自然和文化遗产。

2.划定保护范围

为确保古树名木及其生长环境的保护，必须明确界定禁止建设的范围，以避免周边地面与地下工程建设的负面影响。这一措施目的是从根本上防范人类活动可能对这些珍贵自然遗产及其生态系统的潜在危害，保障它们的持久安全与稳定。

3. 加强立法工作和执法力度

根据国家发布的《关于加强城市和风景名胜区古树名木保护的通知》要求，城市政府可制定一系列针对古树名木保护的专项管理规定。这些规定将结合当地实际，量身定制相应的保护措施和细致的实施细则，以确保规定的有效落实，杜绝任何对古树名木的破坏行为。此举旨在提升古树名木的保护水平，保障这些珍贵的自然与文化遗产得到妥善保存。

八、分期建设规划

为确保城市绿地系统规划在实施过程中的高效执行，政府相关部门需在人力、物力、财力及技术资源等方面进行有序的调配与筹集。基于城市发展的实际需求，规划通常被划分为近期、中期和远期三个阶段，以分步骤推进。各阶段规划应明确近期建设项目的具体内容、年度实施计划，以及建设投资的初步预算和年度资金分配。这种分阶段的建设规划有助于项目按部就班地实施，同时也为城市的持续发展提供了坚实的保障。

（一）分期建设规划的原则

编制城市绿地系统分期建设规划的原则如下。

第一，确保规划期限的设定与城市总体规划和土地利用规划相匹配，以实现规划的合理性与协调性。

第二，与城市总体规划设定的不同发展阶段目标相协同，确保城市绿地建设在各个发展阶段均保持适度的合理性，以适应市民休闲生活的需求。

第三，依据城市的现有状况、经济发展水平、开发时序及未来发展规划，合理规划并确定符合实际需求的近期绿地建设项目。

第四，依据城市长远发展规划，科学规划园林绿地的建设步骤，重视短期、中期与长期项目的协调发展，以推动城市生态环境的持续进步。

（二）分期建设规划的安排

在实际工作中，城市绿地系统的分期建设规划一般宜按下列时序来统筹安排项目。

应优先选择那些能在短期内显著提升城市风貌的项目，比如对城市主干道绿化、河流景观优化、高压线走廊和高速公路两侧的防护林带建设等。这些项目因其征用土地成本较低，执行过程较为简便，能迅速显现成效，对于改善城市生态环境和提高居民生活品质具有立竿见影的效果。

着力推动那些与市民生活息息相关、直接影响城市风貌的绿化工程，如市区级的公园、便捷的邻里游园、街道两侧的绿化带等。这些建设项目既能让市民切实体会到环境的改观与政府对民生的重视，又能有效提升城市的整体美观。通过实施这些贴近民众需求的绿化工程，不仅能够增强市民的幸福感与对城市的认同感，也有助于推动城市环境的不断美化与改善。

优先推进那些建设难度较低的项目，尤其是那些能在短期内完工并为长远发展打下坚实基础的项目，例如苗圃的设立。这不仅能够迅速展示建设成效，提升社会各界对于发展的信心，同时也能够为今后的绿化工程提供必需的资源保障和技术支持，保证城市绿化工作的连续性和高效性。

对于能有效提高城市环境品质和绿化覆盖率的重点工程，如生态保护区建设及市中心的大型绿地项目，考虑到它们在缓解城市热岛效应上的显著效果，应当在城市规划中置于优先地位，尽快着手实施。这些项目不仅有助于优化城市生态环境，还能提升居民的生活水平，对于推动城市可持续发展的长远目标至关重要。

在提高现有城区绿地品质的同时，必须优先保障城市规划区域内的生态绿地不被擅自占用。这要求我们实施切实可行的策略，维护这些对生态环境至关重要的敏感区域，抵御开发的压力，从而保持城市的生态平衡，推动城市的持续和长远发展。

九、规划实施措施

（一）法规性措施

在城市绿地系统规划获得官方审批后，必须严格遵照执行。根据《中华人民共和国城乡规划法》的相关规定，城市绿地系统规划必须依照法律程序进行审批，并向公众进行公示。此外，还需设立专项工作小组，负责拟定城市绿线控制的法定图则，并将其面向社会公布，以此来全面实施城市的"绿线管制"政策。这些措施的目的是保障城市绿地得到有效维护和科学使用，推动城市生态环境持续优化。

在获得地方政府审批之后，规划文件需与城市总体布局、土地使用规划、区域划分规划以及控制性详细规划等其他规划相契合，共同推动规划的执行。对于绿地的具体规划，应遵循总体规划的指导原则，具体细化各项绿地标准，并严格依照规划内容进行建设，以保证规划目标的顺利实现。这一流程旨在通过整合各类规划的方式，确保城市绿地系统的科学配置和有序发展，进一步推动城市生态环境的持续改善。

强化城市园林建设的立法工作，确保相关管理法规和制度既健全又配套。严格执行国务院颁布的《城市绿化条例》，并制定诸如《城市绿线管理办法》和《城市绿化标准》等法规性文件。在此基础上，进一步完善现有的国家行政法规和地方管理规定，确保所有绿化活动都能依法进行，实现"依法建绿"的目标。这一系列措施旨在通过法律和制度的保障，促进城市绿化工作的规范化、法治化，进而提升城市生态环境质量。

为了提升城市绿化水平，需要对地方性绿化法规和管理办法进行修订和完善，并确保法律法规的严格执行与监管力度的加强。园林管理部门应承担起对全市绿地养护管理工作的检查、监督和指导职责，确立并优化各类绿地的养护标准和管理规范，确保在各项建设过程中绿地指标均得到有效实施。同时，应强化对城市绿地规划执行的管理，防止绿地被擅自改变用途。坚决禁止任何违反法律法规、强制性标准以及已批准规划的房地产开发活动。对于那些未经批准而私自改变城市绿线内土地用途、占用或破坏绿地的行为，相关行政部门必须依法进行严肃处理，并对其责任人员进行追责。此外，对于在绿地建设任务上超额完成的单位，应予以适当的奖励，以此作为正向激励。这些措施旨在通过法律的严格约束与激励机制相结合，保障城市绿地的高效规划与管理，推动城市生态环境的持续优化。

（二）行政性措施

为提升城市园林绿化管理的效率与专业性，需要对现有行政主管部门的组织结构进行深度优化，明确各部门的职能定位，确保行业管理的全面覆盖与精准执行。此外，强化行政人员的专业技能培训，积极招募并培育行业精英，旨在提高团队整体的专业素养与管理能力。此举旨在打造一支高效且专业的管理团队，为城市园林绿化的持续健康发展奠定坚实的人才基础。

各级地方城市规划和园林管理部门根据自身职能，分别承担城市绿地的规划执行与监管任务。他们定期对绿线控制及绿地建设情况进行检查，并及时向同级政府及上级管理部门汇报工作进展。土地管理部门也需积极参与协作，确保绿化用地的有效管理和保护。这一跨部门协作体系的目的在于，通过各部门之间的紧密配合，确保城市绿化规划得以顺畅推进，同时合理利用绿地资源。

各级政府机构、部门和单位推行领导干部目标责任制，对绿地建设与维护工作实施严格管理，确保绿化任务逐级细化并有效执行。这种做法有助于明确各级领导的责任，推动绿化目标的顺利达成。

为确保建设工程与绿化工程协调一致，必须实现三个同步：设计同步、施工同步、验收同步。对于未能符合既定绿化标准的工程项目，坚决禁止其投入使用。此举目的是通过同步执行和严格的验收流程，确保绿化要求的贯彻实施，从而推动城市环境品质的持续提高。

在建设或遇到特殊情况需暂时使用城市绿地或更改其用途时，必须依法依规履行相应的审批流程。这一措施保障了城市绿地使用的合法性和规范性，有效保护了城市绿色资源，对维护城市生态环境起到了积极作用。

（三）技术性措施

强化全行业科技知识的普及和教育培训工作，以提高员工的专业技能与业务素养。通过构建系统化的学习与培训体系，使员工能够掌握前沿科技与管理知识，进而提升整个行业的整体服务质量和市场竞争力。

加强对城市园林科学研究的投入，致力于挖掘和创造与当地自然景观及人文风情相契合的园林设计风格和绿地模式。同时，研发并普及具有本土特色的植物种类。这样的努力，不仅能提高城市园林的艺术审美和生态效益，更能凸显城市独有的文化韵味。

推进信息化进程，利用先进科技手段对全市园林绿地规划、建设及管理相关信息进行搜集与整合，为地方园林事业发展提供精确、及时且可靠的数据支撑和科学依据。借助信息化手段，能够显著提高决策的科学性和管理效率，推动城市园林绿化工作的精细化管理和可持续发展。

提升规划决策的远见性，确保绿化用地规划与管理能够适应未来需求。在进行新区规划和旧区改造时，要充分考虑并预留充足的绿化空间，保持规划的灵活性，以应对未来发展的挑战。在财政和物资条件允许的前提下，不断提高绿化建设水平，助力城市生态环境的持续提升与优化。

建设专门服务于城市建设的苗木培育基地，依据城市绿化的具体需求，有针对性地培养不同规格的树木。同时，引入高品质的树种，并通过精心筛选与培育，保障城市园林工程对优质苗木的需求能得到充分满足。这样不仅能确保绿化项目的顺利进行，还能显著提高城市的绿化质量。

在进行旧城区的建设与改造时，我们需要聚焦于以下三个方面的重要任务：一是在旧城区的改造与拆迁环节，我们必须整体规划并推进绿化工作，确保每一处改造的地方都能同步进行绿化，以此来全面提高旧城区的环境品质。二是我们需要加强旧城区现有建筑的屋顶、天台、立面、阳台及庭院的绿化，通过丰富多样的绿化手段来增加城市的绿色面积，优化居民的生活环境。三是针对那些绿化指标不达标、绿化空间有限的地区，我们要充分利用地面空间进行绿化，创新绿化方法，确保即便在有限的空间内也能高效地进行绿化，从而提高绿化覆盖率。

采取这些措施，不仅能够有效改善旧城区的生态环境，提升居民生活质量，还能为城市带来更多的绿色空间。

（四）经济性措施

针对现实需求，我们需要制定切实可行的经济策略，以多元化方式筹集绿化建设资金。一方面，应提高政府在园林绿地建设中的财政投入比重，确保每年从预算中划拨充足的资金，保障园林建设项目的顺利实施。另一方面，要充分发挥市场机制的作用，打造多元化的园林建设资金投入体系，增强对园林绿化行业的投资。具体实施手段包括：每年从城市建设项目投资中划拨一定比例的资金，专门用于绿化建设；同时，在各类建设项目的总投资中，规定至少提取 3%—5% 的费用用于绿化工程。这些措施的实施，旨在确保绿化建设资金的持续供应，推动城市绿化品质的不断提高。

在城市新建、改建、扩建工程及住宅社区开发项目中，必须依法从基本建设投资中划拨相应资金用于绿化建设。同时，应激发社会各界的参与热情，出台具体措施以加强城市绿地的建设与管理，扩展资金来源渠道，采取多样化方式筹集资金，以保障绿地建设和日常维护的资金需求，从而确保绿化资金的充足性和使用效率，推动城市绿化质量的整体提升。

鼓励广大市民热情参与，通过实施一系列激励机制，有效调动各组织、团体及个人的积极性，以集结社会各方的力量，共同助力城市绿化工作的开展与提升。

（1）积极开展全民义务植树活动。

（2）开展"园林式单位"评选，旨在鼓励各单位遵循法规，积极参与绿化建设，争取实现全市 50% 的单位绿化达标，并确保其中 10% 的单位达到先进水平。

（3）积极推动和协调各部门、团体及个人投身于城市绿化事业，鼓励他们承担起城市绿地的建设、管理和养护任务。同时，致力于激发各个单位、社区及居民的热情，促使他们自发地在自家庭院、阳台、屋顶和墙面开展绿化活动，并参与绿地认养计划，以显著提高工作和居住环境的美观性和舒适度。

④加大城市绿化建设的财政支出，同时推行跨地区绿化费用征收机制。

⑤采取一系列扶持政策，包括优化土地供应策略、提供价格优惠以及实施税收减免等手段，以此吸引和促进社会资本增加投资规模。

（五）政策性措施

凸显城市独特文化与民族风情的重要性，实施有效的保护策略，以实现历史文化保护的显著成就。同时，强化对文物古迹及其周围环境的维护，保障这些珍贵的文化遗产得以完整地传承后世。

政府应当对绿化用地给予必要的政策扶持，特别是要保障大型公园及绿地建设用地的充足供应。通过实施政策优惠，推动城市绿化空间的发展与品质提升，进而提高城市生态环境的整体水平。

积极倡导和激励国内外投资者投身于园林绿化领域，同时支持打造以绿色生态环境为核心的休闲游乐和体育锻炼场所。政府将在税收减免、土地使用等方面实施优惠政策，以此吸引更多的社会资本参与到城市绿化和公共基础设施的建设中来，从而推动城市环境的优化和居民生活品质的提高。

通过推出一系列优惠政策，鼓励企业和个人积极参与城市绿化建设，建议采纳"建设者经营、建设者受益"的原则。对于超出既定绿化任务要求的单位或个人，应予以表彰和奖励。该政策旨在激发社会各界力量共同投入到城市绿化事业，共同推动城市环境的优化升级。

激励市民自发爱护绿色空间，对于那些将庭院、阳台、屋顶等私人场地绿化并达到一定标准的居民，将予以嘉奖。此举目的是唤起市民积极参与城市绿化活动，共同打造一个更加美观和宜人的城市居住环境。

构建以政府为核心的城市绿化领导保障机制，整合各相关部门力量，共同开展绿化建设与管理工作。依托政府的统一规划和指挥，促进各部门之间的协同配合，合力推动城市绿化事业的持续进步。

构建完善的资金支持体系，确保每年绿化管理部门制定绿化建设项目规划及预算，通过政府财政支持和其他多元化筹资途径，为项目的顺利进行提供资金保障。这一体系的建立目的是为城市绿化建设持续稳定地提供财务援助，确保绿化工程能够按时、保质完成。

构建一个包含建设、管理及维护在内的全方位保障体系，涉及从政府级别到相关部门，直至具体责任个体的多层次合作机制。这一机制通过细化职责分工，确保城市绿地从建设到管理养护的各个环节能够高效有序地推进。该综合保障体系致力于通过明确的责任界定和高效的团队合作，推动城市绿地系统的长期稳定发展。

第三节　城市绿地分类规划

为确保城市绿地系统规划与城市发展相协调，同时验证其空间布设的合理性，需要对不同类型的绿地进行细致规划，将规划理念具体落实。借鉴我国在城市长期规划实践中的经验，各类城市绿地规划的核心内容和编制要点可大致归纳如下。

一、公园绿地（G1）规划

公园绿地作为对公众开放的休憩场所，不仅提供了休闲娱乐的场所，还肩负着生态保护、环境美化及防灾减灾等多重职责。它包括综合公园、社区公园、专类公园、带状公园和街头绿地等多种形式。公园绿地的数量和质量，成为衡量城市绿化水平的重要标准。在公园绿地的规划过程中，我们需要着重考虑以下五个核心要素。

（一）确定规模

根据既定的绿地指标，城市需对公园绿地的合理发展规模进行预测，并将这些测算结果融入城市规划之中，以保障建设用地面积达到均衡状态。

在我国，城市公园的规模主要取决于城市总体规划和城市绿地系统规划所确定的用地分配。在城市生态系统中，不同类型公园的总占地面积体现了城市绿地的整体水平。为了确保游人在公园中有充足的休憩空间，每人至少应享有60平方米的绿色空间。同时，考虑到城市人口中约有1/10的人会到公园绿地休闲放松，因此，为了满足全体市民的游园需求，全市平均每人应配备6平方米的公园绿地。

（二）选址分析

选择公园绿地位置时，通常需要综合评估多种因素。

城市中那些拥有河流、山脉、名胜古迹，以及深厚人文历史背景的地段及其邻近区域，原本的森林和广阔的树木覆盖区域，以及不适合进行建筑的山谷、洼地等地区，这些地方均极为适宜开发成为城市公园。

应当在城市的核心进出口、富含自然景观及人文资源的区域、公共设施邻近地带以及居民生活区域，规划并设置相应规模的公园和绿地。

公园的服务区域应确保居住区的居民能够方便快捷地享受，同时，公园的布局需要与城市的交通主干道和公共交通网络紧密结合，以便市民轻松抵达。除此之外，公园的设计还应考虑美化城市街道，以及改善城市景观的双重需求。

在进行公园规划时，应确保留出一定的备用空间，以备未来需求及变革之需，从而灵活应对可能的发展趋势。

（三）分级配置

公园绿地的布局应根据其规模、用途和服务性质的不同，采取分级配置的方式。对于特大型和大中型城市来说，这种配置策略极其重要，因为它能够确保不同公园的功能得到充分而高效地发挥，更好地满足市民的多元化需求。

1.面积级配

在城市规划中，合理配置大型、中型和小型公园绿地是至关重要的。对于每个单独的绿地，其面积应按照特定的级别分配原则进行规划，以确保其布局顺序

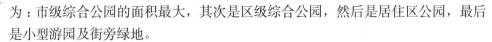

为：市级综合公园的面积最大，其次是区级综合公园，然后是居住区公园，最后是小型游园及街旁绿地。

2. 数量级配

在分析城市公园与绿地分布时，我们可以发现它们呈现出一定的层级分布特征。小型公园和街头绿地普遍数量较多，而大型公园则较为稀少。具体而言，绿地的数量分布应按照以下顺序：小型游园及街旁绿地数量居首，其次是居住区公园，然后是区级综合公园，最后是数量最少的市级综合公园。

实践证明，在我国众多城市，特别是特大和大型城市中，众多的中小型公园绿地（如居住区公园、社区游园、街头绿地等）与市民的互动最为活跃，这些地方的使用频率极高。因此，在进行城乡规划时，我们必须高度重视这些中小型公园绿地的规划布局，确保它们数量充足、品质上乘，以进一步优化和提升城市公园绿地系统的层次配置。

（四）分类规划

公园绿地按照其功能和用途主要分为五大类：包括市级和区级的大型综合公园、居住区域及小区游园在内的社区公园、具有特定主题的专类公园、呈带状分布的线性公园绿地以及位于街道两旁的街旁绿地。这样的分类旨在实现更为精细化的规划与科学的资源配置。

1. 综合公园

在规划过程中，市级综合公园往往需要占用超过 20 公顷的土地，其服务范围半径大约在 2000—3000 米之间，目的是为全市居民提供全面的服务。相比之下，区级综合公园的用地面积通常不少于 10 公顷，服务半径大约在 1000—2000 米，主要针对城市中特定区域的市民进行服务。

2. 社区公园

在居民生活区域内，公园的用地面积至少应达到 4 公顷，并且其服务范围应限定在 500—800 米的半径内。而对于小区游园的规划，则应根据各小区的具体规划要求进行集中布置，其面积不宜小于 0.5 公顷，主要目的是为小区居民提供服务，建议其服务半径在 300—500 米之间。

3. 专类公园

各类专类公园，如儿童公园、动物园、植物园、历史名园、风景名胜公园、游乐公园、体育公园及纪念性公园等，以其丰富的内容和多样的功能，在城市生活中承担着各自独特的角色。这些公园在用地面积、选址、内部设施和景观设计等方面，都有各自的特点和需求。因此，规划者在进行城市规划时，必须充分考虑到这些专类公园的特殊性，对相关要素进行灵活调整和全面布局。

4. 带状公园

该布局一般会依据城市道路、古老城墙、河岸等关键因素进行规划，其宽度通常大于 10 米。即便是在最为紧凑的区域，也需保障有足够的地方供游客行走，确保绿化植物的连续种植，并留出空间配置小型休息设施。

5. 街旁绿地

城市中的街旁绿地，指的是那些独立于道路用地之外，呈现为一片片绿色景观的区域，例如街道广场和沿线的小型绿地等。这些绿地需满足面积不少于 1000 平方米的标准，并且绿化覆盖率需达到 65% 以上。在具有悠久历史的城市以及大型都市中，这类绿地被广泛且频繁地利用。

（五）规划布局

1. 可达性要求

为了满足市民休闲活动的需求，并根据我国国家园林城市评比标准中对公园绿地服务半径覆盖率不低于 70% 的要求，通常来说，主城区应确保市民在步行 200 米的距离内就能找到至少面积为 400 平方米的公园绿地；在步行 500 米内，能够发现面积不少于 5000 平方米的公园绿地；而在步行 1000 米内，市民应能抵达至少面积为 3 公顷的公园绿地，使得公园绿地成为市民户外文化生活的重要聚集场所。

2. 布局模式

城市中的各类公园与绿地，无论其规模大小，都应相互连接，形成一个连贯而统一的绿色网络——即公园绿地系统。该系统的规划和布局，受到城市地理位置、历史发展、面积规模、人口分布、交通状况及城市规划等多重因素的影响。目前，公园绿地系统的布局形式主要分为分散式、连接式、环型式、放射式和分离式等几种不同的类型。

二、生产绿地（G2）规划

生产绿地规划的核心要素涵盖了三个方面。

（一）确定指标

为了应对城市绿化对苗木的迫切需求，住房和城乡建设部明确要求，城市生产绿地的用地面积至少应占城市建成区面积的 2%。然而，根据国内众多城市的生产绿地现状调查，发现我国城市生产绿地面积普遍未达到标准，苗木质量不一，种类较为单一，远远不能满足城市园林绿地建设的实际需求。因此，城市规划师在编制城市绿地系统规划时，必须严格依照国家规范，确保生产绿地得到充分且合理的配置，以应对城市绿化需求的持续增长。

（二）确定选址

在挑选苗圃（生产绿地）的地点时，一般需要对众多因素进行全面的分析与考量。

其一，选取的苗木用地应位于交通要道附近，以确保物流的便捷性；此外，该区域需具备丰富的劳动力资源、稳定的电力供应，并且必须拥有良好的自然环境条件。

其二，在选择适宜的土地进行圈地时，应首先着眼于那些地势平坦、土质疏松且排水灌溉条件良好的地方。理想的土壤应当是具有深厚土层的砂土、壤土或轻黏土。还需注意的是，土壤的 pH 值需维持在不低于 6 且不高于 7.2 的范围。此外，所选圈地必须拥有可靠的水源保障，并且需要配备一个高效且畅通无阻的排水系统。

其三，在挑选苗圃用地时，应严格避开风力强烈、易受水涝和霜冻侵袭的区域，同时，还需注意规避那些病虫害传播较为频繁的地区。

其四，在进行苗木培育区域规划时，应本着一个确保苗木质量、便于管理运营及提高作业效率的根本原则进行划分。

（三）发展计划

针对城市绿化进程中苗木需求量的持续增长，需制定一份专注于城市绿化领域专业苗圃的发展规划，该规划将重点围绕以下几个核心要点展开。

1.确立苗圃用地规划标准，并制订分步骤的建设发展目标。

2.确立苗圃的发展规模及规划其未来成长方向。

3.细致规划苗木的规模、品质和种类，涵盖新品研发、引进及适应性驯化等多个环节的具体实施方案。

4.预估投资苗圃所需成本以及探讨资金筹集的方法。

5.进行苗木培育基地建设项目的可行性评估。

6.设想将苗圃业务与科学研究、旅游业等多元化产业相结合，共同促进其协同发展。

三、防护绿地（G3）规划

在规划防护绿地时，必须着重关注三个关键要素。

（一）建立市域保护体系

根据城区的生态属性和建设用地的布局，规划者有针对性地在不同功能区域布置相应的防护绿地，旨在充分发挥绿地对环境的保护功能。这些防护绿地一般位于高速公路、快速通道、铁路沿线、高压电缆走廊、河流与海岸线周围，同时也涵盖城市各功能区域之间、工业区与居住区接壤地带，以及其他潜在环境污染源附近。

在规划不同类型的防护绿地时，必须深入考虑它们所肩负的职能，并努力实现这些职能的最大化。最佳策略是将绿地布局与市域范围内的绿地系统以及城市的大型"生态廊道"规划相融合，确保防护绿地、市域绿地和大型"生态廊道"能够相互交织，形成一个连贯的有机体系。这样，我们就能构建起一个全方位的市域生态保护网络。

（二）确定指标与分类布局

在城市推进建设与发展的进程中，必须精心策划分阶段的实施计划，并着重提升城市生态环境质量。在这种情形下，科学地确立防护绿地建设标准和具体任务显得尤为重要。同时，还需根据不同类型的防护绿地，实施恰当的规划设计。防护绿地大体上可以分为几个主要类型。

1. 卫生安全防护绿地

该区域主要位于饮用水源地周边，以及二、三类工业区外侧，介于工业区域与居民住宅区之间。此外，还包括仓储区、垃圾填埋场和污水处理设施周边所设置的防护绿地，以及用于降低噪声、隔声的森林带等。

2. 道路防护绿地

涉及重要城市交通干道、高速通道、铁路线、普通公路及高速公路沿线所设立的安全绿化隔离带。

3. 高压走廊绿带

在城市中，为穿越高压走廊而设立的保护性绿化带，作为安全缓冲区域。

4. 城市组团隔离带

为了遏制城市的无序扩展并避免形成连绵不绝的城市区域，必须在城市各个分区之间规划出宽阔的绿化带，以作为有效的隔离缓冲区。

5. 防风防火林带

涵盖北方地区城市的防风林带以及沿海地带的防护林，同时还包括围绕加油站、液化气站和化工厂周边的防火林区域。

6. 其他类型的防护绿地

在古迹文物周边开展城市绿化建设的过程中，可以依据保护区划定的边界，设计出具有防护功能的绿化带。

（三）提出绿地控制指标

依据对防护绿地类别的划分，结合国家相关法规和标准，以及我国城市在规

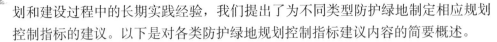

划和建设过程中的长期实践经验，我们提出了为不同类型防护绿地制定相应规划控制指标的建议。以下是对各类防护绿地规划控制指标建议内容的简要概述。

1. 卫生安全防护绿地

（1）饮用水源保护区不得纳入建设用地范围。对于作为饮用水源的河流段落，必须在其两岸设立至少 100 米宽的禁止建设带；对于水库区域，则两岸的禁建区域宽度应不小于 500 米。

（2）在二级和三级工业用地周围，必须建立至少 30 米宽的卫生防护隔离区。

（3）在居住区域与工业用地之间，必须建设至少 30 米宽的卫生防护绿化隔离带，以保障区域卫生安全。特别是对于那些位于居民区上风向的工业用地，其绿化隔离带的宽度应进一步增加，扩大绿化范围以增强防护效果。

（4）在垃圾填埋场和污水处理厂的下风向地区，必须建设一个宽度范围在 500—800 米的卫生防护隔离带。此外，为了进一步保护周边环境，其他方向也应当规划出相应的隔离区域。

2. 道路防护绿地

（1）在城市核心区域内，城市干道规划红线外侧的建筑需保持一定的退让距离，同时，公路规划红线外侧的禁止建筑区也应遵循城市规划的规定，设立绿化防护隔离带。该隔离带不仅用于设置人流集散场地，其宽度还应严格遵照相关城市规划标准执行。

①在都市的主要道路中，如果道路红线宽度不超出 26 米，那么其两旁的绿化隔离带宽度应保持在 2—5 米范围内；

②城市规划中，主干道的规划红线宽度通常在 26—60 米范围内，而其两旁的绿化隔离带宽度则规定在 5—10 米之间；

③当城市干道的规划红线宽度超过 60 米，其两旁的绿化隔离带宽度应不少于 10 米。

（2）城市快速干道两旁的防护隔离带宽度通常在 20—50 米不等。

（3）铁路及城际铁路沿线应设立防护隔离区，确保其两侧的宽度至少达到 50 米。

（4）在城市的边缘区域，为了有效隔绝高速公路带来的噪声和尾气污染，计划在道路两侧分别设立宽 50—200 米的绿化防护区域。

3. 高压走廊绿带

遵循国家行业标准，对穿越城市的高压走廊下方进行规划，构建相应的安全绿化隔离区，以保证高压走廊下方的绿化隔离带达到规定的安全标准。

（1）在高压走廊穿越居住区域的过程中，必须保证其两侧的隔离带宽度至少为 30 米；若高压走廊经过工业区，则该隔离带的宽度也不应低于 24 米。

（2）高压 220 千伏输电线路在穿过居民生活区域时，必须在其两侧设立至少 50 米宽的隔离区域；若线路穿越工业区，则该隔离区域的宽度不应小于 36 米。

（3）为确保安全，高压走廊电压等级达到 550 千伏时，其周围的隔离带宽度应保持在 50 米以上。

4. 城市组团隔离带

隔离带的宽度一般都超过了 300 至 500 米的范围。

5. 防风、防火林带

（1）根据相关研究，在防风林带同等高度的位置，其能够有效降低风速 60%。同时，当距离林带达到其高度的 10 倍时，风速的降低幅度为 20%—30%。借鉴国外的数据，绿地的背风面能够减少风速 75%—80%，并且这种效果可以延伸至树木高度的 25—30 倍。这些研究成果为城市防风林宽度的规划提供了重要参考。

（2）阻挡森林火灾的重要措施之一是建立防火林带，但其具体宽度尚无统一规定。根据文定元 1998 年的研究，我国南方地区普遍将防火林带的宽度设置为 6—17 米。而在 1995 年，郑焕能的研究表明，在山地环境中，宽度为 15—20 米的林带可以有效阻止树冠火势的扩散。

6. 其他防护绿地

在古城遗产和古迹周围，依照保护区划定的界限，结合城市规划中的绿化方案，打造了具备保护作用的树木防护隔离区。

四、附属绿地（G4）规划

（一）附属绿地的类型与功用

在城市发展规划中，涵盖了居住、公共设施、工业、仓储、对外交通、道路广场、市政设施及特殊用途等多种不同类型的用地，这些用地均配备了必要的附属绿地。这些绿地不仅是城市绿色网络中不可或缺的部分，还成为衡量城市绿化普及程度的核心指标。

城市的绿色风貌不仅显现在公园之中，更渗透到了与市民日常生活和工作紧密相连的各类小型附属绿地。这些散布于城市各个角落的绿地，面积广阔、数量庞大，是城市生态环境的重要组成部分。因此，对这些绿地进行细致的规划与建设，对于构建一个完整而高效的城市绿地网络、提升城市环境质量具有极其重要的意义。需要指出的是，这些附属绿地并未包含在城市总体用地面积的计算之中。各类城市建设用地中的附属绿地，其绿化率必须符合国家制定的相应标准。

（二）附属绿地的发展指标和规划设计导则

在进行城市绿地系统规划的过程中，我们必须严格遵守国家相关法规标准，并结合城市未来发展的趋势，深入分析各类附属绿地的扩展需求，细致研究其管理指标，并制定出具体的指导方针。

在城市规划与景观设计过程中，虽然各类城市附属绿地需符合一定的标准以确保基本的绿色空间，但我们应努力超越这些最低要求，以进一步优化城市生态环境并方便市民享用。在此背景下，我们应积极推广垂直绿化和屋顶绿化，这样的做法在不扩大用地的情况下，也能显著提高城市的绿化程度。

1. 各种单位

在单位总用地面积中，附属绿地面积至少应占总面积的 30%。具体标准如下：

（1）工业企业、交通枢纽、仓储、商业中心等区域应保证绿地率不低于 20%。

（2）对于排放有害气体及污染物的工厂，绿地率需达到或超过 30%。

（3）学校、医院、休疗养院所、政府机构、公共文化设施及部队等单位，其绿地率应维持在 35% 以上。

2. 居住区

（1）在开展新区住宅小区建设的过程中，必须保证绿地率不低于 30%。

（2）对于旧区的改造工作，相关指标可以适度放宽 5 个百分点，但绿地率依然不应低于 25%。

3. 城市道路

（1）园林景观大道（林荫大道）的绿地率不应低于 40%。

（2）道路红线宽度超过 50 米的道路，其绿地率不应少于 30%。

（3）道路红线宽度在 40—50 米之间的道路，其绿地率不应小于 25%。

（4）道路红线宽度不足 40 米的道路，其绿地率也应不低于 30%。

对于目前道路未能符合既定指标的情况，未来在进行道路改造时必须采取措施，确保所改造的道路能够达到或超越这些标准。

五、其他绿地（G5）规划

"其他绿地"（G5）是指那些能够显著改善城市生态环境、支持居民休闲活动、增强城市美观并保护生物多样性的各类绿地。这类绿地不仅仅局限于城市中心区域，更是广泛覆盖了城市及其周边的各种大型绿地，例如风景名胜区、水源保护地、郊野和森林公园、自然保护区、风景林地、城市绿化隔离区、野生动植物园、湿地，以及已完成生态修复的原垃圾填埋场所。这些绿地在提升城市环境质量、保持城市生态系统健康稳定、保障生物多样性等方面发挥着不可或缺的作用。

在城市总体规划设计阶段，"其他绿地"并未包含在城市建设用地平衡的计算范围内。这意味着，这类绿地的规划布局不受城市规划建设用地定额指标的约束。"其他绿地"规划的核心要素包括以下几方面。

秉持"生态优先"作为核心规划设计理念，重视城市可持续性的长远规划，确保规划中保留充足的生态保护区，并严格禁止任何形式的开发建设活动。这些生态保护区涵盖了现有的风景名胜区、水源保护区、森林公园以及各类自然保护区等。对于城市的开发区域，必须明确设定开发强度的界限及其具体范围。

为了高效利用基本农田保护区以及自然水体、森林等绿色资源，必须在城市组团间或相邻城市间规划宽度至少为300—500米的宽阔绿色隔离带，以此有效遏制城市规模的无序扩张，防止出现"摊大饼"式的蔓延发展。同时，必须制定相应政策，保障这些绿色空间成为野生动植物栖息繁衍的理想场所，并构建起生态连通的绿色通道。

在城乡交融的地带，应划设专门的绿地保护区，区内绿地比例必须保持在50%以上，旨在为公共设施、政府机关、高品质住宅区、休闲娱乐及康复场所及高等教育机构提供适宜的建设环境。

生态景观绿地建设应与郊野农村的产业结构优化同步推进，以助力生态农业与林业的持续健康成长。

第四节　信息技术在城市绿地系统规划中的应用

一、信息技术

（一）信息技术的概念

信息技术的内涵因不同学科和专家观点而有所区别，但普遍认为它是指一系列涉及信息的获取、保存、加工、传播、运用等多个环节的技术集合。这包括用于信息操作的各种方法、技巧、工艺流程和作业程序，以及相应的工具和设备。简而言之，信息技术涵盖了信息的生成、采集、存储、处理、传递和应用，包含了相关的技术、方法、规章制度、技能，以及所需的工具和物质资源等。它不仅包含了硬件和软件技术，还涉及信息工作人员的技能、信息处理工具和对象，以及信息技术的管理规范、方法论、解决方案、系统集成和服务体系等多个层面。

（二）信息技术的分类

在众多学科领域以及不同专家学者的探讨中，信息技术的归类方法各不相同，呈现出多样化的特点。

信息技术在增强和扩展人类信息处理能力方面，可按其功能分为四大类别：首先是信息获取技术，如遥感、遥测技术等；其次是信息传输技术，涵盖了通信技术和存储技术等；再次是信息处理与再生技术，例如人工神经网络技术；最后是信息应用与反馈技术，包括调节技术和控制技术等。此外，有学者根据信息技术的技术载体或支撑技术进行分类，将其划分为微电子信息技术、光电子信息技术、超导电子信息技术、分子电子信息技术、生物信息技术等。另一种分类方式则是直接根据技术要素，将其分为微电子技术、通信技术、计算机技术、网络技术、软件技术等。

（三）信息技术与城市绿地系统规划的联系

在城市规划领域，构建绿地系统是一项充满挑战的任务，其核心基础在于精确的地理信息。从事此工作的专业人才需掌握实时、精确且地理位置明确的全面数据，这对于预测城市发展、制定规划方案、决策制定以及实施管理与建设都至关重要。随着计算机技术、互联网技术、3S技术（涵盖地理信息系统GIS、全球定位系统GPS和遥感RS）、数字摄影测量、CAD、现代数据库技术、多媒体及虚拟现实等先进技术的融合与应用，我们如今已能够打造一个具备空间数据采集、大规模地理信息存储、空间分析、数据处理和决策支持等多功能的城市绿地规划系统。

实现城市绿地系统规划的信息化建设对于现代城市管理、科学规划策略的制定以及推动可持续发展至关重要。作为构建"数字城市"和"数字林业"的核心组成部分，数字化管理依托遥感技术（RS）和全球定位系统（GPS），高效地采集城市绿地的空间数据，并结合人工调查所得的属性信息，利用地理信息系统（GIS）平台进行综合管理。这种管理模式不仅便于用户浏览和查询城市园林绿地信息，还能实现对绿地系统的动态监控。它为园林绿化决策者提供了科学的决策依据，对于优化城市绿地布局、推进园林绿化决策向科学化、智能化和数字化方向发展，具有极其重要的实际价值。

二、在城市绿地系统规划中应用的信息技术

（一）AutoCAD的应用

AutoCAD，这款由美国AUTODESK公司开发的计算机绘图设计软件套件，

凭借其不断增强的功能，正在规划领域引领一场技术变革。规划师们已经告别了传统图板工具，纷纷采用 AutoCAD 软件来绘制出各种精美的设计图纸。无论是进行总体规划、分区规划、控制性详细规划、修建性详细规划、城市绿地系统规划还是园林设计，AutoCAD 都能精确高效地完成图纸的绘制工作。它具备出色的图形生成、编辑和组织功能，极大地简化了设计流程，提高了工作效率。例如，在公园设计过程中，设计者能够迅速将初步规划草案输入电脑，并利用 AutoCAD 的修改功能不断进行优化，直至形成完整的总平面图。在此基础上，设计者还能快速制作出结构分析图、道路规划图、竖向设计图、植物配置图、给排水规划图及电力通信规划图等。

（二）RS 的应用

在城市绿地规划领域，传统方式依赖于现场勘查或是分析现有的地图和航空影像来掌握绿地分布信息。但这些方法存在一定的局限性：现场勘查既费时又费力，现有地图更新不够及时，航空影像虽然精确度高但成本较高且覆盖面有限，不适合用于大规模城市绿地的监控。随着科技的发展，航天遥感技术和地理信息系统的运用有效地弥补了这些缺陷，并在城市绿地规划和管理的实践中起到了关键作用。目前，这些技术的应用范围正在逐步拓展，主要体现在多个层面。

1. 地形测绘

在当前地形测绘领域，比例尺介于 1：2000 到 1：50000 之间的测绘工作，普遍利用航空影像技术来实施。而对于比例尺更小的测绘项目，则可借助卫星影像来完成。经过几何校正的这些影像图，在大多数情况下可以直接作为编制绿地系统规划的基础图纸。进一步地，通过在这些影像图上标注道路红线、地块界限、绿化区边界、重要建筑物及地名等详细信息，可以使得地图在实际应用中更加便捷和直观。

2. 用地使用调查

在规划和设计大型与超大型城市的总体布局以及绿地系统时，对城市土地使用的调查主要依赖于航空影像的解析，同时结合地面实际勘查和研究相关档案资料。尤其是对于绿地这类特定用途的土地调查，使用影像图进行识别和分析显得尤为重要。例如，通过分析不同时间点的影像资料，我们可以追踪和了解城市绿地随时间的演变过程。

3. 绿化、植被调查

通过图像数据分析，相较于实地考察，城市绿化覆盖率、绿地比例以及对植物生长状况的评估往往能够获得更为精确的结果。

（三）GIS 的应用

地理信息系统（GIS）是一种依赖于计算机技术的系统，它整合了地理数据的收集、储存、检索、分析和可视化等功能。借助 GIS，用户可以将实体的空间位置信息连同其相关属性数据一同记录在数据库中，形成关联，以便进行高效的数据查询和空间分析，并且能够通过专题地图的形式直观呈现分析结果，这构成了 GIS 技术的核心优势。由于 GIS 具备简便的地形图输入输出能力、卓越的多维度地理数据分析功能以及用户友好的交互界面，它已成为城市规划者和管理者的重要工具，是现代城市规划与管理信息系统中不可或缺的一部分。在实际应用中，GIS 常用于土地使用规划、交通网络布局、环境保护区域划分等多个领域。

1. 地理信息的表达

专题地图是 GIS 中最主要的空间和属性信息展示方式，也是用户接收查询与分析成果的重要途径。专题地图通过地图的形式来表达特定的信息，它与常规地图之间的差异更多体现在用途和内容的表现上。在城市规划中，除了专业的工程设计图纸外，绿地规划、现状图、未来规划图，尤其是各种类型的分析图，通常都被归类为专题地图。利用 GIS 技术，这些地图不仅能够快速地在屏幕上显示出来，而且还能方便地加入图例、标题、说明文字、统计数据、框架、参考线及背景图形等附加元素。在这方面，GIS 展现出了比传统 CAD 软件更高的灵活性。

2. 空间要素分类

GIS 的核心功能之一便是按照属性对空间要素进行分类，这一能力使得我们能够制作各种专题地图，比如土地利用图、环境质量评价图、城市绿地分布图等。此外，这种分类方法还能够根据具体需求进行灵活的调整。

3. 几何量算

GIS 软件拥有自动测量繁复曲线（比如河流、绿化带宽）的能力，并且能够精确计算不规则多边形（例如公园、广场、自然保护区）的周界和面积。除此之外，该软件还具备对不规则地形进行设计的能力，能够自动完成土方填挖量的计算工作。

4. 邻近分析

地理信息系统（GIS）拥有一个关键的分析功能，即创建邻近区域，这通常被称作缓冲区分析。缓冲区是指围绕某个特定地理元素，根据预设的距离限制所形成的区域。例如，我们可以应用 GIS 技术来确定道路及河流两旁特定距离的绿化带范围，公园绿地所能覆盖的服务区域，或自然保护区周边的受影响区域。通过 GIS 的多边形叠加工具，将这些表示服务或影响区域的多边形与含有人口统计数据的多边形进行叠加分析，这样我们便能够估算出在各个服务半径或影响区域内的大概居住人口数。

（四）GPS 的应用

GPS 全球定位系统融合了先进的航天技术、无线电通信及计算机科技，成为推动社会发展的核心科技之一。该系统与数字摄影测量技术结合，能够迅速生成精确度高、信息含量大、画面逼真且更新快速的数字正射影像图。这些影像图为城市规划与管理中的绿地系统提供了关键的基础数据支持，并为空间分析和政策制定提供了详尽的地理、自然资源及社会经济信息。

（五）"3S" 技术集成及应用

"3S" 技术集成是将遥感技术（RS）、地理信息系统（GIS）和全球定位系统（GPS）作为核心基础，将这三种各自独立的技术领域的关键部分，与众多高新技术领域的相关部分紧密结合，打造出一个统一的综合体系，进而形成一项多功能、高度集成的技术解决方案。

在科技进步日新月异的当下，确保信息流畅无阻是信息获取、处理及利用过程中的关键。这促进了地理信息系统（GIS）、全球定位系统（GPS）和遥感技术（RS）的 "3S" 集成应用的诞生。这三种技术最初各自独立发展，各具特色但也存在限制。随着技术的不断进步，GIS 与 RS 的结合已经变得普及且技术成熟。随着时间的推移，"3S" 技术不断融合，形成了一个整体，成为空间信息研究的重要手段和工具。

目前，全球范围内，基于计算机的 "3S" 技术在城市绿地系统规划等领域的运用已经相当普遍。在我国，这一技术同样得到了广泛应用，并在相关领域积累了大量的实践经验。根据申世广（2010）的梳理与汇总，我国城市绿地系统规划中对 "3S" 技术的主要应用可以归纳为如下几个方面。

1. 搜集资料、共享数据及交流信息

在城市绿地系统规划中，实时更新和精确的基础资料，尤其是城市绿地数据，是规划顺利进行的关键因素。"3S" 技术的应用使我们能够获取最新、最准确的地面信息，如卫星影像、航空测量图和 GPS 定位数据等。比如，无论在地球的哪个位置，我们都可以利用设备准确地获取当前位置的经度、纬度和高度信息，并且随着位置的变化，设备还能自动生成移动轨迹图，这极大地简化了实时精准收集基地信息的工作。

2. 信息检索与地理空间解析

地理信息系统（GIS）为城市规划师在绿地规划方面提供了一个既直观又科学的空间分析工具。通过整合遥感（RS）技术和全球定位系统（GPS）收集的数据，GIS 能够高效地提取和分析关键的空间信息，构建用于评估和规划绿地的空间数据库。GIS 不仅具备信息检索能力，还能对绿地要素进行深入的统计分析与地图处理，包括编辑和输出功能。利用 GIS 的图层叠加技术，可以创建包含城市绿地系统多种特性的新图层。在城市绿地规划过程中，这一技术能够通过对不同用地属性进行解析和统计，生成专题图层，进而依据这些图层评估用地的开发适宜性，为规划决策提供重要的数据支持。

地理信息系统（GIS）技术以其强大的分析功能，在城市绿地系统规划中发挥着重要作用。它能够处理复杂的地理信息，助力规划者筛选出关键数据，这对于决定绿地位置、划分规划区域和布局休闲设施极为重要，并能生成多种分析图表以辅助决策。结合遥感技术（RS），GIS 能够精确测定绿地范围及面积，分析树木种类和结构，评估树木生长状态。通过遥感图像的颜色、纹理和形态，我们能够区分绿地和不同种类的树木分布。同时，融合 GIS 技术和专家知识，开发特定程序，可以对遥感图像中的树木种类进行比对、分析和鉴定。

3. 进行规划成效的仿真预测与分析评估

利用"3S"等前沿技术，我们能够精确地将规划中的山体、水体、植被、道路及建筑等元素融入基地的三维模型中。借助视线分析、光线动态模拟、气象环境及植物生长的模拟，我们能够迅速发现规划中的缺陷，并高效地进行调整。在当前强调公众参与决策的背景下，这种方法显得更加科学和合理。通过遥感（RS）和全球定位系统（GPS）获取的地形、地貌、植被、水文和地质数据，结合地理信息系统（GIS）的空间分析能力，我们可以对城市绿地植被景观质量进行精准评估，并自动生成评估图表。

4. 实时监控与策略规划

利用 GIS 软件对遥感图像进行叠加分析，能够有效地跟踪和评估一个区域绿地的发展趋势、城市绿化的进展情况以及园林绿地的建设动态。比如，通过比较 1999 年和 2012 年的遥感图像，我们可以清晰地看到长沙市都市区绿地随时间推移而发生的变化。

利用"3S"技术的集成，我们能够打造出一个全方位的城市绿地管理系统，该系统能够对各种城市绿地进行高效和实时的监控与维护。

5. 模拟城市园林绿地的先进技术

目前，集成了"3S"技术的先进多媒体动画虚拟现实技术正逐步在城市规划领域得到广泛应用。利用这项技术，用户只需佩戴专门的头盔（或眼镜）及数据手套等传感器设备，就能身临其境地进入虚拟环境，进行各种操作，从而实现知识的学习和技能的培养。此外，在城市绿地系统规划方面，该技术能通过创建虚拟园林绿地，有效地展示规划成果或满足模拟训练的需求。

6. 远程操控与工程实施

借助计算机网络和尖端科技，景观设计师可以轻松地远程进行设计、施工以及管理工作。得益于信息技术的支持，设计师能够与地理位置不同的合作伙伴共同协作，利用全球定位系统（GPS）或遥感技术（RS）进行远程测量，并将测量结果以电子数据形式通过网络传输至本地的计算机辅助设计（CAD）或地理信息系统（GIS）。设计完成后，设计师能够将 CAD 图纸导入 GPS 系统，从而实现远程自动放线，精确布置景观中的各种元素，如小品、道路和树木。在施工过程中，设计师能够实时跟踪工程进度，并根据需要调整设计方案，提出管理建议，这对于保护重要的文化遗产和珍贵的古树名木显得尤为关键。

（六）其他信息技术的应用

1. 专家系统（ES）的运用

融合专家系统（ES）与地理信息系统（GIS）的技术特长，不仅提升了图形数据的处理能力，还引入了空间逻辑推理的功能。这种整合有效解决了传统 GIS 在应对复杂工作规则和缺乏自然语言表达方面的局限性，这些问题正是城市绿地规划、咨询以及审批管理的核心难题。通过两者的优势互补，不仅极大地提高了管理工作的效率，也拓展了计算机技术在城市绿地规划与管理领域的应用，实现了从信息辅助到决策支持的飞跃，成为决策支持研究的一个具有巨大发展潜力的新方向。

2. 计算机网络技术的运用

随着 Internet/Intranet 技术的应用，城市规划与管理信息系统步入了信息化的快速车道，打破了地理空间的限制。这为城市规划信息的社会化服务、远程办公以及系统维护提供了新的可能性。数字化电子地图和城市基础信息（包括图形和属性数据）的普及，以及网络中高效的数据传输，已经取代了传统的纸质图纸和手工操作。在网络平台上，我们可以轻松实现城市基础信息的检索、查询和空间分析，并能够在线完成规划用地红线的申报与审批流程。通过网络，规划方案可以接受专家远程评审，并通过互联网发布重大项目的规划方案，且图文并茂。这使得公众能够通过网络实时了解规划设计信息，并参与到规划审批的过程中，更全面地理解规划师的构思。此外，公众还可以通过互联网表达自己的观点，与规划师、管理人员及其他相关人员直接交流，有效增强了公众的参与度，推动了决策过程的民主化，同时也提高了政府决策的透明度。

3. 多媒体技术和虚拟现实技术运用

多媒体技术的应用显著增强了规划设计成果的表现力，使其更为直观和吸引人。虚拟现实技术作为近年来迅速发展的高新技术，通过高级计算机技术构建了一个虚拟环境，能够利用数字模型准确模拟和重现现实世界的地理现象与过程，尤其适用于城市规划（如绿地系统规划）中的三维景观模拟，为用户提供近乎真实的沉浸式体验。当 GIS、多媒体技术和虚拟现实技术三者融合时，为它们共同创造了一个在视觉、听觉甚至触觉上都极为真实的三维城市环境，让使用者如同亲临现场一般。这一技术组合不仅有利于全面、合理地评估城市（特别是绿地系统）规划方案，还能有效避免因规划错误造成的政府财政浪费、景观损害及社会资源损失。多媒体与虚拟现实技术的结合，为城市规划、建设和管理提供了创新的控制手段。

4. 现代数据库技术的运用

在城市规划与管理过程中，需处理的地理空间数据和文档属性信息量庞大，通常达到 GB 级别。随着计算机与互联网技术的迅猛进步，出现了动态数据库、空间数据库、Web 数据库及大规模数据管理等一系列先进的数据库技术。这些新技术大幅提升了数据库在处理复杂数据方面的效能，尤其是在符合 Open GIS 标准的空间数据库方面，为 GIS 技术的安全高效应用提供了强有力的支持。这类数据库不仅能有效完成空间数据的存储与查询分析任务，还凭借其在大数据存储、高级别安全保障及 Web 服务集成上的卓越性能，加速了高性能地理信息系统的构建。这不仅推动了 GIS 行业的大规模拓展和快速发展，也为现代 GIS 技术与计算机网络在城市规划管理领域的深化应用提供了重要助力。

第三章　城市园林绿化及其种植设计

第一节　城市园林绿化的系统规划

在我国经济稳健发展的背景下，城市化步伐不断加快，这给城市园林绿化质量带来了更高的标准。在城市现代化建设中，园林绿化扮演着极其重要的角色。因此，我们必须更加重视城市规划中的绿化工作，精心设计城市绿地格局，并持续努力，以促进我国城市园林化的持续发展。

一、城市园林绿化系统规划的主要任务

城市规划与园林部门的工作人员通常会协作配合，一同进行城市绿化景观系统的规划任务。这项工作涵盖了以下几个方面的内容：

1. 确定城市园林绿化系统规划的基本原则，这些原则需紧密结合当地自然环境和社会经济条件。

2. 慎重选择和合理布局城市中的各类园林绿地，明确界定它们的位置、性质、边界及所需面积。

3. 根据国家经济发展计划、居民生活水平和城市扩张趋势，细致评估城市园林绿化的进展与品质，设定分阶段实施的绿化目标。

4. 提出针对现有城市绿化体系的改进建议，涵盖调整、扩展、优化和提升等方面，并制定园林绿地的分步建设计划、重点项目执行方案，同时标识出需要保护和预留的绿化区域。

5. 编制完成城市园林绿化系统规划所需的全部图纸和文档资料。

6. 对重点公共绿地，依据实际需求，提供概念性设计图纸和规划建议，或编制详细的绿地设计任务书，内容应详尽包括绿地特性、具体位置、周围环境、服务对象、预期访客数量、布局方式、美学风格、主要设施建设类型与规模、施工时间表等信息，为后续的详细规划设计提供指导。

二、城市园林绿化系统规划的具体原则

城市园林绿化的系统规划，应严格遵循以下原则：

第一，城市园林绿化的规划不应单独进行，而应与城市其他规划要素相结合，实现全面考量和布局。例如，我们需要考虑城市的规模、性质和人口数量，工矿企业的种类、规模、数量及其位置，公共建筑与居住区的分布，道路交通的便利程度，城市水系的布局，以及地上和地下管线工程的协调等多个因素。鉴于我国人口密度较高，城市用地有限，我们应尽量减少占用优质农田，优先选择荒山、山岗、低洼地以及其他不适宜建筑的地形来规划绿地。同时，绿化用地的选择也需谨慎。由于城市绿化资源和投资有限，我们一方面要努力扩大绿地面积，提升绿化质量，以满足多样化的需求；另一方面，应遵循"先绿后好"的原则，充分利用现有的绿化基础，首先实现普遍绿化，然后逐步提高重点区域的绿化水平，最终实现"处处似公园"的目标。此外，绿地规划应均匀分布在整个城市中，并与工业区、居住区、公共建筑和道路系统等其他规划要素紧密配合，实现协同发展。

第二，在城市规划中，设计卫生防护隔离林带是关键环节，特别是在划分工业与居住区域时。对于河湖及水系的规划，首要任务是设立水源保护林带和城市交通绿化带。同时，应结合地形特征，在居住区附近打造亲水公园，以增加居民休闲空间。在居住区内部，要确保小区游园的合理布局，并探索住宅周边庭园绿化的可能性。在公共建筑和住宅群的设置上，应关注绿化空间对街道景观的改善以及对景观节点的美化作用，力求实现绿地与建筑的和谐统一。在进行道路系统规划时，需根据道路的用途、功能、宽度和方向，综合考虑地面地下管线分布、建筑间距及楼层高度等因素，进行周密的配合与规划，既要保障道路的交通功能，也要为植物的生长创造良好条件。

第三，在设计城市规划的园林绿化系统时，必须紧密结合地方特色，采取因地制宜的设计策略。首先，设计者应充分考虑地域特性，因为我国地大物博，各城市间的自然条件、现状、绿地基础及性质特点均有很大差异。因此，在确定绿地类型、布局方式、面积大小及定额指标时，都应基于具体实际情况进行选择。在选择树种时也应坚持本地化原则。其次，规划工作也应从实际出发，如对于名胜古迹众多的城市，应适当增加绿地面积；对于风沙较大的北方城市，如天津、沈阳、北京、唐山、张家口，应设立防护林带；对于夏季高温的城市，如南京、武汉、南昌、金华、丽水，应考虑增设通风降温的林带；对于自然条件优越、植被丰富的城市，如广州、南宁、昆明、桂林、北海，绿化质量应更高；对于建筑密集、空地稀少的旧城市，如上海、天津、大理，应充分利用小块空地、道路两侧进行绿化，多建设小游园、小绿化带，并推广垂直绿化；而对于工业化程度较

高的城市，则应重视设立工业隔离绿化带，以减轻环境污染，实现环境防护的目的。

第四，在城市园林绿化系统规划中，必须兼顾长远目标与短期计划，实现两者的和谐统一。在开展绿化项目设计时，我们应深入洞察城市的未来发展趋势，预测居民生活质量的持续提升，避免当前的建设在未来成为制约发展的瓶颈。因此，我们需要同时考虑长远发展需求，解决当前的紧迫问题，明确任务的重要性和急迫性，并制定恰当的过渡性方案。比如，在改造建筑密集、环境恶劣、居住条件较差的旧城区时，新开发居民区应确保有足够的绿化空间。对于规划为未来公园的土地，短期内可先作为苗圃使用，这样既能为公园建设奠定基础，又能有效避免这些土地被其他用途侵占，保障土地资源的合理利用。

第五，城市园林绿地的规划、建设及经营管理，不仅要最大化其综合效益，还需注重与生产的结合，为社会创造物质财富。将园林绿地与生产活动相融合，是中国城市绿地建设的一项重要方针，要求我们对此有正确的认识并全面贯彻执行，以实现园林绿化既美观又经济的目标。城市园林绿化的核心功能在于提供休闲游览场所、保护环境、美化城市景观，以及应对如战争或自然灾害等紧急状况。在确保这些基本功能的前提下，应充分利用当地条件，种植具有经济价值的植物，例如观赏花卉、果树、药用植物、木本油料作物和香料植物等，旨在为国家发展贡献力量，增加物质产出。

第二节　城市园林绿地定额与类型

一、城市园林绿地定额

城市园林绿地定额是指每位城市居民平均所占有的绿地面积，通常以"平方米／人"为单位进行衡量。这一指标不仅是评价城市绿化水平的关键指标，还能反映出城市的经济发展水平、环境卫生状况以及居民的文化生活质量。

（一）城市园林绿地定额制定的理论基础

城市园林绿地定额的制定主要基于两个理论支柱。

首先，是为了保障和维护生态平衡，这包括确保二氧化碳与氧气的均衡，以及优化城市小气候、促进空气的流通与更新；

其次，是为了满足居民对文化娱乐和休闲生活的需求。

（二）城市园林绿地定额的计算指标体系

城市园林绿地的建设水平可通过多种量化指标来体现，这些指标旨在全面反映绿化建设的质与量，以便于进行高效的统计分析。为此，这些指标的命名应与城市规划行业中的其他标准指标相协调。在我国，目前主要是通过六项城市园林绿地定额指标来评估这一领域的发展状况：

1. 城市园林绿地总面积（公顷）：

城市园林绿地总面积（公顷）＝公共绿地面积（公顷）＋居住区绿地面积（公顷）附属绿地面积（公顷）＋道路交通绿地面积（公顷）＋风景游览绿地面积（公顷）＋生产防护绿地面积（公顷）

$$(5-1)$$

2. 每人公共绿地占有量（平方米／人）：

每人公共绿地占有量（平方米／人）＝市区公共绿地面积（公顷）／市区人口（万人）

$$(5-2)$$

3. 市区公共绿地面积率（％）

市区公共绿地面积率（％）＝市区公共绿地面积（公顷）／市区面积（公顷）×100%

$$(5-3)$$

4. 城市绿化覆盖率（％）

城市绿化覆盖率（％）＝城市绿化总面积（公顷）／市区面积（公顷）×100%

城市绿化总面积（公顷）＝公共绿地面积（公顷）＋道路交通绿化覆盖面积（公顷）＋居住区绿地面积（公顷）＋生产防护绿地面积（公顷）＋风景游览绿地面积（公顷）

$$(5-4)$$

由于树冠覆盖面积的大小受树种、树龄等因素影响，并且全国各城市的地理位置及树种差异较大，绿化覆盖面积只能进行概略计算。各城市应根据自身具体情况和特点，最好通过典型调查后确定。

城市绿化总面积是指城市中各类绿地面积的总和，包括乔木、灌木和多年生草本植物的覆盖区域。在计算这一面积时，通常使用树冠垂直投影的方式来进行估算。不过，需要注意的是，在计算过程中要确保不重复计算乔木下面的灌木和草本植物的覆盖面积。

公共绿地的绿化覆盖面积可按100%计算，风景游览绿地及生产防护绿地都是按占地面积的100%计算。在我国公园中，一般建筑占全园的1%—7%，道路广场占3%—5%，由于各类公共绿地及风景游览用地比较复杂，为了简单计算，可按用地100%计算绿化覆盖率。居住绿地和附属绿地也按绿地用地的100%计算。所以，在城市绿化覆盖率的计算中，城市绿化总面积除道路交通绿地的绿化覆盖面积外，其余五类绿地的绿化覆盖面积均按绿化用地的100%计算，即等于各类绿地面积。

道路交通绿化覆盖面积（平方千米）=[行道树平均单株树冠投影面积（立

方米 / 株）× 单位长度平均植株树（株 / 千米）× 已经绿化道路总长（千米）]+
草地面积（平方千米）

$$(5-5)$$

5. 苗圃拥有量（亩 / 平方千米）

苗圃拥有量（亩 / 平方千米）= 城市苗圃面积（亩）/ 市区（建成区）面积（平方千米）

$$(5-6)$$

6. 每人树木占有量（株 / 人）：

每人树木占有量（株 / 人）= 市区树木总数（株）/ 市区总人口（人）

$$(5-7)$$

（三）影响城市园林绿地定额的因素

第一，城市的性质直接影响了其对园林绿地的需求程度。比如，那些以风景旅游、休养疗治或革命历史纪念为主要特色的城市，为了更好地满足对外开放和吸引游客的需要，往往要求拥有较大的绿地面积。而对于以冶金、化工产业为主或作为重要交通枢纽的城市而言，由于对环境保护的需求较高，也倾向于配置较多的绿地，以帮助净化空气、降低污染。无论是哪种类型的城市，充足的绿地不仅能提升城市美观度，还有助于改善生态环境，提升市民的生活品质。

第二，在理论上，小城市由于居民更易接触郊野环境，拥有较好的城市条件，对绿地种类和面积的需求相对较小。然而，对于大中型城市，由于居民远离自然，人口密度较高，城市自然条件相对较差，市区内应配备更多的公共绿地。但在我国现实中，大城市用地紧张，增设绿地面临诸多挑战，需求和现实之间存在较大的差距。这给城市建设和管理工作带来了更大的挑战。未来，我们的城市建设管理者与规划者需要更加重视园林工作者的作用，让他们在城市建设和规划的前期就发挥重要作用，以解决需求和现实之间的矛盾。否则，等到城市框架形成后再考虑园林绿地建设，将遭遇众多难题。

第三，城市的自然环境对绿地的规划布局具有决定性的作用，不同的地理和气候特点要求不同的绿地分布策略。比如，在气候严寒、干燥且风力较大的北方城市，为了优化居住气候，理论上需要增加更多的绿地面积。然而，在水资源有限的情况下，又必须适度控制绿地的扩展速度。相对而言，气候温暖、土壤肥沃、水资源丰富且树木种类繁多的南方城市，原本更适合扩大绿地面积。但是考虑到人口密集和耕地的稀缺性，也不应过量将耕地转化为绿地。因此，在进行园林绿地规划时，应全面考虑城市的地形、地貌、水文、地质、土壤和气候等多种因素。例如，在起伏较大或不适宜建筑的山坡等地，可以充分利用这些区域进行绿化。而在平坦的城市区域，如果周围是农业用地，那么绿地的规划就应适当减少。如果水源充足且分布均衡，那么这些地区用于绿地的潜力就会更大。

第四，在现有城市建筑密集区域，既有的建筑物限制了绿色空间的扩展，迫使绿化标准不得不做出调整以适应现实。而新建城市在规划阶段就展现出其优势，能够更加有效地整合绿色空间，实现城市与自然的和谐共生。

第五，当前，各地的园林绿地发展状况不一。有的国家或城市的居民掌握了较高的园艺技术，对园林艺术怀有浓厚的传统情感；而另外一些国家或城市则高度重视园林的绿化建设，他们现有的绿地基础较好，因此绿化指标也相对较高。

第六，随着国家经济实力的不断增强，人民群众的物质和精神生活日益丰富，对于环境美化的追求也随之增长。因此，我国城市绿化的规模和质量都将向更高层次的标准发展。

二、城市园林绿地类型

（一）城市园林绿地的分类方式

在我国，城市园林绿地的分类体系尚缺乏统一标准，各种分类方法因应不同目标而并存。但鉴于城市规划与园林绿化工作的具体需要，这些分类方式必须遵循一些基本的原则和准则。

第一，保证与城市用地分类相匹配，并考虑到习惯性称呼，以便与城市总体规划和各类专业规划高效衔接。

第二，依据绿地的主要功能和面向的对象进行分类，这将有助于绿地详细规划与设计工作的顺利进行。

第三，力争与绿地建设的管理体制和资金来源相协调，以便业务部门更好地进行经营和管理。

第四，防止在统计数据上与其他城市用地发生重叠，确保城市绿地统计标准的统一，使城市规划在经济分析上具有可比性。

城市园林绿地按照基础分类原则，可将城市中的各类用地归纳为六大类型：

（1）公共绿地；

（2）居住区绿地；

（3）附属绿地；

（4）道路交通绿地；

（5）风景游览绿地；

（6）生产防护绿地。

这六大类型绿地共同组成了城市中所有的园林绿化用地。目前，关于城市用地的分类尚无统一且合理的标准，因此，现阶段仍依据常见的分类方法进行划分。

（二）城市园林绿地的不同类型

1. 公共绿地

公共绿地是指面向所有市民免费开放，供人们休闲娱乐的公园与绿地空间。它包括了市级和区级各类公园，如综合公园、儿童乐园、动物园、植物园、运动公园、历史名胜园林、林荫休闲道以及多种不同风格的花园等。

（1）位于城市和区域内的休闲绿地，即市、区级综合性公园，主要目的是为当地居民提供一个放松身心、享受自然风光以及参与文化和娱乐活动的空间。在规模较大的城市中，一般会设立一个或多个面向全市居民的市级公园，并且每个区都会设有一个或多个区级公园。对于中小城市来说，通常只需要一个综合性的市级公园。这些市级公园的面积一般在10—100公顷之间，便于居民乘坐公共交通工具，大约30分钟内可达。而区级公园的面积大约为10公顷，位置便利，居民只需步行大约20分钟，即服务半径大约1公里，非常适合居民进行半日或全日的休闲活动。

（2）儿童公园是专门为孩子们打造的活动空间，一般占地面积约为5公顷。这类公园最佳选址应在居民区附近，同时要避开交通繁忙的区域。作为一个独立的公园，其主要服务对象为青少年、儿童及其陪同的成人。公园内部的设计，包括游乐设施、体育器材和建筑物等，首要考虑的是儿童的安全性，同时也要有利于促进孩子们的健康成长。此外，这些设施应具有合适的尺寸、鲜艳的颜色、活泼的外观和丰富的装饰元素，以激发孩子们的兴趣。在植物的选择上，也必须确保对儿童安全无害。为了满足不同年龄段儿童的特殊需求，公园内应设有专门的学龄前儿童活动区、学龄儿童活动区和幼儿活动区。

（3）动物园作为一处集多种野生动物和精选家禽家畜于一体的城市公园，主要功能是为公众提供观赏、教育、科普和科研的场所。这类公园通常在大城市中独立设立，而在中小城市，它可能成为综合性公园的一部分。在选址上，动物园应避开居民密集区以降低疾病传播风险，并与屠宰场、动物毛皮加工厂、垃圾场及污水处理厂等场所保持安全距离。由于收集动物具有挑战性，野生动物的饲养要求严格，动物笼舍建设成本高，以及日常管理费用昂贵，开设动物园需要较大的经济投入。各地在考虑建设动物园时，应根据自己的经济实力和条件慎重考虑，并遵循国家相关部门的方针政策，实施全国统一规划，分阶段、有针对性地推进建设。

（4）植物园作为城市中一块别具一格的绿洲，其核心职责在于搜集和培养多样化的植物，并依照生物学原理进行有规划的布展。这里不仅是科学探索与知识传播的重要场所，也成为市民和游客放松身心、享受自然的理想场所，与苗圃、农业园艺场有显著的差异。在挑选植物园的地址时，需要综合多方面因素进行考量。理想的选址应远离居民住宅区，最佳位置是城市近郊，并拥有便利的交通连接，方便市民参观访问。同时，所选用地应远离环境污染严重的工业区，以保证植物能在健康的环境中茁壮成长，并且需要有适宜的土壤和水资源条件。

城市园林局的植物园致力于响应城市绿色发展的需求，积极搜罗多样化的植物资源，并专注于植物的引种驯化、新物种培育以及植物资源的深度开发与应用研究。此外，作为一处重要的观光场所，植物园还承担着传播植物学知识的重任。在植物园的规划过程中，必须综合考虑植物的生态习性和地理分布特点，同时遵循园林美学的原则。植物园应打造出既美丽又宜人的景观，并提供完善的游览设施，以增强市民在公共绿地中的游览享受。

（5）体育公园是一种特色鲜明的公园类型，其主要功能是为大众提供一个既可用于体育比赛和训练的场所，又拥有宜人绿化环境的休闲空间。这类公园不仅拥有符合专业技术标准的体育设施，而且还拥有广阔的绿色空间，既适合运动员训练，也便于市民进行体育活动及享受休闲娱乐时光。

体育公园的布局可以根据实际需求灵活采用集中或分散的方式。在人流较为集中的区域，集中布局的模式较为合适，这样可以方便地与居民区建立便捷的交通联系，例如成都的城北体育公园便是如此。而另一种布局方式则是将体育公园分散设置，比如在城市综合公园的周围区域设立，像上海虹口公园附近的体育场和广州越秀山的体育场就是这样的例子。

体育公园一般需要较大面积的用地，至少要10公顷，并且建设费用相当可观。在我国目前的发展水平下，即便是一线城市，也仅能容纳2—3个此类规模的公园。这些公园的建设、投资及日常运营管理主要由国家体育局及地方体育局负责，有时也与园林部门共同协作进行维护。然而，真正达到高标准绿化要求的体育公园并不多。比如，近几年新建的丽水市体育馆，因其绿化程度不够，并未完全满足"体育公园"的标准，它更多的是作为丽水市行政中心附近的一个多功能公园——处州公园的一部分而存在。

（6）古典园林名胜古迹，是那些蕴含深厚历史文化底蕴、具备卓越艺术价值且需精心保护的园林景观。这些绿色文化遗产通常被列为不同级别的文物保护单位，并由相关单位负责其维护与管理，以供游人观赏与休憩。例如，北京的颐和园、天坛、北海，苏州的拙政园、留园，杭州的灵隐寺、西泠印社，上海的豫园，南京的瞻园，无锡的寄畅园，承德的避暑山庄，以及陕西临潼的华清池等，均为其典型代表。这些园林在布局和建筑风格上均保持原貌，旨在维护文物古迹的原始风貌与结构。

（7）游憩林荫带是城市中一条宽阔的绿意盎然的带状空间，作为居民的公共休憩场所，它主要服务于周边居民。这里不仅设置了简单的休闲设施，如休息亭、长廊、座椅、雕塑、水景和喷泉等，还配备了基础服务设施，包括小型餐馆、便利店、茶馆和摄影服务点等。以上海肇家滨林荫带为例，它就是这样一个休闲空间。大部分游憩林荫带都位于城市的河道或水体附近，如杭州的湖滨公园、青岛的鲁迅公园、哈尔滨的斯大林公园以及上海黄浦江的外滩绿地等。这些林荫带一般与城市交通道路并行，因此，它们都提供了宽敞的步行道，供游客散步和休息。

（8）在城市中，花园是一种小型的公共绿地，虽然它们的面积和设施不如区级公园那么庞大和完善，但它们能够独立存在，不属于任何特定居住区域。这些花园提供了基础的休闲设施，适合居民进行短时休息和散步。通常，这些花园占地约 5 公顷，位置便利，使得周围居民在 10 分钟内就能步行到达，其服务范围不超过 800 米。这些分布在城市中的绿地，为市民提供了方便的休闲场所。比如北京的月坛公园和东单公园，以及上海的淮海公园和交通公园，尽管它们常被称为公园，但根据其规模和设施，实际上应被视为花园。另外，道路两旁的绿地，只要设有简易的休闲设施，无论是位于道路中央还是建筑前方，都可以看作是花园类的公共绿地。例如上海的江西中路绿地、北京的二里沟绿地以及丽水白云小区背后的人民路绿地等，都是这样的典型例子。

2. 居住区绿地

居住区绿地是指在居住用地内，排除了居住建筑、内部道路、中小学及幼托设施、商业服务及其他公共建筑以及生活服务用地之后，用于绿化的土地。它主要包括以下五个方面：

（1）居住区的公园；

（2）小区内的公园；

（3）住宅附近的绿化地；

（4）包括中小学及幼托设施在内的居住区公共建筑的庭院；

（5）居住区道路两旁的绿化地。

此外，居住区绿地的目标在于改善居住区的环境卫生和小气候，为居民提供便捷的日常休闲、体育锻炼及儿童游乐的高质量环境。

3. 附属绿地

附属绿地是指某一部门、某一单位使用和管理的绿地，它不对外单位人员开放，仅供本单位人员游憩之用，是附属于本单位的。附属绿地包括以下几个方面。

（1）工矿企业及仓库绿地

作为企业关键部分，这类绿地不仅承担着环保和生态修复的职责，同时还能提升企业环境美观度，对企业的建筑、道路及管线提供出色的衬托与遮挡效果。

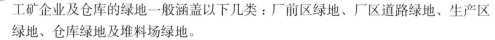

工矿企业及仓库的绿地一般涵盖以下几类：厂前区绿地、厂区道路绿地、生产区绿地、仓库绿地及堆料场绿地。

（2）公用事业绿地

这类绿地是指那些位于城市中，专门用于公共管理和公共服务目的的绿色空间。它们包括公共交通车辆停车场、污水处理设施及废物处理站点等公共基础设施内的绿化区域。

（3）公共建筑庭园

公共建筑庭园是指配套在居住区域及以上级别的公共设施中的绿化地带，包括但不限于政府机关、高等教育机构、商业购物中心、医疗单位、展览馆、文化中心、电影院和体育馆等公共设施的绿地。然而，这一分类不包括那些作为公共绿地使用的大型开放式体育场所，如体育公园。

4. 道路交通绿地

（1）道路绿地

道路绿地指的是位于居民区及以上级别道路的绿化地带，涵盖了行道树绿地、交通岛绿地、立体交叉口绿地以及桥梁两端配置的绿地等不同种类。

①行道树绿地：在城市道路两侧，通过种植一到多排的乔木和灌木，形成了美丽的绿色走廊。这些绿化带分布于机动车道与人行道之间、人行道与道路边缘之间，同时还覆盖了道路旁的停车场、加油站和公交站点等区域。这些行道树与城市中的其他绿地共同构建了一个连续的绿色网络，不仅显著改善了城市的环境卫生，美化了城市景色，还在炎热的夏季为行人提供了遮阴之处，有助于缓解城市热岛效应，同时对延长沥青路面的使用寿命也具有积极作用。

②交通岛绿地：道路上的"方向岛""分隔岛"以及"中心岛"等绿化区域，一般情况下是不对外开放的，只有极少数可以进入。但当"中心岛"面积较大，并被改造成绿化广场时，它们便转变成了供民众休憩的公共空间。例如，南京鼓楼西侧的"中心岛"、杭州的红太阳广场以及丽水市的丽阳门广场，都是这样的休闲场所。

③立体交叉口和桥头绿地：立交桥和桥头周边的绿化带不仅提升了道路桥梁的视觉效果，更为城市建筑增添了艺术美感。在城市的交通枢纽或横跨江河的桥梁附近，常常可以利用一定的土地进行绿化，像杭州的艮山门铁路公路立交桥以及南京长江大桥的桥头绿地，都是这种美化城市的代表。

（2）公路、铁路防护绿地

在城市规划中，特别需要关注对外交通用地的绿化工作，尤其是市区内铁路线两侧的绿化带建设。这不仅有助于减少城市噪声污染，还能确保铁路运营的安全。以天津市为例，其绿地规划中特别强调，铁路两侧至少应设立 300 米宽的护路林带。如有条件，还可在适宜的距离内规划休息园区，并配备相应的公共服务设施，为游客提供休憩的场所。

5. 风景游览绿地

风景游览绿地是指那些以著名景观为核心的自然景区，包括城郊的风景名胜区、森林公园及风景林地等。这些绿地大多位于郊区，拥有广阔的自然风光，经过精心规划和修整，成为人们进行一日游以上的理想目的地。例如，我国著名的风景游览绿地包括杭州西湖（已成功申遗）、无锡太湖、桂林漓江、江西庐山、山东泰山、安徽黄山、临潼骊山、舟山普陀山、四川峨眉山、福建武夷山（简称为"一江二湖七山"），以及陕西华山、河南嵩山、温州雁荡山、辽宁千山、江西三清山、青岛崂山、福建太姥山、四川青城山、云南石林、丽水东西岩等。在国际上，这样的景观通常被称为森林公园或天然公园，是以原始林地为基础。

自然保护区和国家公园作为广袤森林的重要组成部分，其成立宗旨在于维护自然生态平衡、保护珍贵的野生动植物种类以及原始森林资源。这些绿色的天然宝地经过合理规划与适度开发，部分区域已向游客开放，供大众观赏。诸如我国云南的西双版纳（享有"天然植物园"之美誉）、四川的九寨沟、湖北的神农架、吉林的长白山、黑龙江的五大连池、河南的鸡公山、浙江的凤阳山、广东的丹霞山、广西的大瑶山及海南的五指山等，都是这样的自然景区。

6. 生产防护绿地

（1）生产绿地

生产绿地涵盖了苗圃、花圃、果园、林场等多种类型。在这些绿色空间中，苗圃和花圃是城市绿化工作中提供植物资源的重要来源。除了各类机构自行繁育的苗木基地外，城市园林管理部门还会建立专业苗圃，大量培育树木、花卉和草皮，以满足城市绿化的需求。此外，部分花圃被打造成具有园林风格的景观（如盆景园），供市民观赏和游览，它们因此具备了公共绿地的部分功能，例如杭州花圃便是一个典型的代表。

（2）防护绿地

防护绿地是改善城市生态环境和卫生条件的关键因素，它包括了卫生防护林、水土保持林及水源保护林等多种类型的郊外用地。尤其在那些夏季气温较高的城市，规划时应充分考虑与夏季主导风向一致的通风绿化带，这些绿化带如果能与水系相结合，就能形成有效的通风绿色通道，有助于将凉爽的季风引导至城市中心。对于经常遭受强风侵袭的城市，如西北风、台风等，规划阶段就需要建设与风向垂直、宽度在150—200米之间的防风林带，每个林带宽度应为10—20米，以发挥其防风固沙的作用。

卫生防护绿地是防护绿地的重要组成部分，根据不同工业排放污染物的类型和生产技术流程的特点，其地带宽度被划分为五个等级。具体来说，第一等级的宽度设置为 1000 米，第二等级为 500 米，第三等级为 300 米，第四等级为 100 米，而第五等级的宽度则为 50 米。

第三节　城市绿地与城市绿地系统

城市绿地的分类对于构建和管理绿地系统至关重要，它是城市绿地系统不可或缺的组成部分。各类绿地均有其特定的功能，使之与其他类型绿地区分开来。这些绿地种类在特性、标准和要求上存在差异，且可以通过简单的统计和计算方法，反映出城市绿地建设的不同层次和水平。因此，以绿地的主要功能为依据，对城市绿地类型进行统一划分，是一种适宜的方法。

合理对城市绿地进行科学分类，能够帮助人们更深入地了解和掌握城市绿地系统的组成，以及不同类型绿地的功能、属性和在城市建设中扮演的关键角色。明确的分类有助于提升城市绿地规划、设计和管理的效率。一个理想的绿地分类系统，不仅应真实地体现城市绿地的功能、投资和管理现状，还应推动城市绿地系统内部结构的优化，促进城市环境绿化的发展，起到引领和推动的作用。

园林绿地作为城市规划的核心组成部分，其独特的特性、规模以及所承担的职能，对于构建城市蓝图至关重要。因此，在进行园林绿地规划的过程中，我们必须深刻理解其在城市园林绿地体系中的地位和作用，明确其性质、规模及服务对象。显而易见，园林绿地系统的规划对于确保城市绿地建设的有序进行，扮演着不可或缺的法律规范角色。在此基础上，园林规划设计应进一步深化，对各类绿地的规划进行细致的拓展与优化。

第四节　城市园林绿化的种植设计

园林规划设计中的种植设计环节至关重要，它承担着极其重要的职责。毕竟，园林的美丽与绿化成效取决于多样化的园林植物的配置。这些植物需经过多年的精心养护，方能展现出我们心中所向往的优美景观。尽管各个城市园林绿地的设计手法和策略不尽相同，但它们都恪守一系列共同的根本原则，这些原则为种植设计指明了明确的方向。

一、城市园林植物的种植设计

（一）明确园林植物种植的功效

在选择园林植被时，必须根据其不同的用途进行挑选。例如，街道绿化主要目的是为了提供遮阴，而工厂绿化则更注重其防护功能。然而，无论哪种类型的绿化，都不能妨碍设施的正常运行。工厂的绿化应当有利于生产的开展，同时，即便是同一地点的绿化，也应展现出其独特性，如位于街道中心的绿化树木，其主要职责是美化城市景观。此外，研究植物的外观特性，确定其营造的氛围和效果，也是我们需要深入研究的课题。比如，在纪念性园林中，我们通常会选用四季常绿、形态雄伟的树种，并采用规则布局，以打造出庄严肃穆的环境。

（二）考虑园林艺术的美学需求

第一，在艺术设计中，协调性扮演着核心角色。在规则式园林的布局中，植物的排列通常遵循对称的对植或行列式种植模式；而在自然式园林中，则通过非对称的自然布局来展现植物的自然之美。根据局部环境的特色和整体设计的要求，我们会选择合适的种植方式。比如，在入口处、主要道路旁、几何形状的广场及大型建筑周围，我们倾向于使用规则式种植；而在自然山水景观、草坪以及形态各异的小型建筑周围，则更倾向于采用自然式种植方法。

第二，在园林的布局中，植物会随着四季的变换展现出各具特色的景色。我们可以将园林划分为若干个区域，每个区域都突出展示相应季节的代表性植物和景观主题，以达到整体统一而又丰富多彩的效果。然而，在游客众多且具有特殊意义的区域，我们务必保证园林四季美景常在。即便是在主打某一季节景观的区域，也应巧妙融合其他季节的元素，以免季节更迭后景观变得单调无趣。

第三，人们在欣赏植物景观时，期望能够从形态、色彩、香气到声响得到全面的感官体验。然而，集这些特质于一身的园林植物极为少见，几乎可以说是并不存在。为了迎合人们多元化的审美需求，园林植物的选择应根据它们的特定属性进行。比如，鹅掌楸以其独特的叶形吸引人们的视线；桃花与紫荆则在春季以她们迷人的花朵吸引游客的目光。月季花从春至秋连续绽放，既有优美的形态、明亮的色彩，又散发着迷人的香气。桂花在秋季以其馥郁的香气而闻名，而茂盛的松林所形成的如同波涛的声音，为人们提供了听觉上的愉悦。还有一些植物则拥有多种观赏价值。

第四，在进行园林植被的布局设计时，必须全面考虑多种影响因素。水平层面上，要注重植被的分布疏密及其外形设计；而在垂直方向上，则应关注树冠的轮廓线条，并在林间巧妙布置视线通道以增强空间的层次感。设计时不仅要关注植被构建的景观层次，还要兼顾从不同距离欣赏的视觉效果。从远处眺望，应注重整体和大面积的景观效果，如秋日里树梢满载的叶色；而近距离观赏时，则要着重于单一植物的形态美，包括其花、果、叶的独特之处。园林的种植模式也应精心设计，避免采用类似苗圃的单一排列方式。在选择植物时，应首先着眼于植物的整体形态，比如其大小、高低和轮廓，随后再细致考虑其叶、枝、花、果等具体细节，同时确保植物与建筑、地形、水体和道路的协调统一。

（三）选取树种时需遵循科学性与合理性的原则

第一，优先考虑使用本土树种，这是因为它们对当地的气候和土壤环境有着极佳的适应能力，种苗资源充足，种植和养护起来也相对简单，同时还能展现地方特有的风情。当然，为了丰富植物种类的多样性，也可以选择一些已经过本地引种和驯化，且具备广泛推广价值的树种。

第二，挑选具备优良抗逆性的树种进行栽培，这些树种能够适应酸性或碱性土壤、抵抗干旱或湿润气候、抵御病虫害的侵扰，同时也能承受空气中的污染物和有毒气体。这类树种不仅种植后易于成活，而且在后期的养护管理方面也相对简单便捷。

第三，南宁市果树街的绿化项目树立了一个成功的典范，其在选择绿化树种时，秉持"观赏果实、提供遮阴、追求美观、考虑材用"的四项原则。这一理念不仅确保了行道树的实用性，还兼顾了经济价值，取得了卓越成果。各地可借鉴这一模式，结合自身的地理特色和资源优势，积极探索和实践相似的绿化方案。

第四，挑选不同生长速率的树木种类至关重要。我们需要保证选择的树木中既有快速生长的品种，也有生长速度较慢的种类，以此实现短期效应与长远发展的有机结合，进而推动绿化事业的全面进步。

（四）探究植物栽植的密集程度及其相互搭配的规律

树木的种植密度是影响其绿化效果的关键因素。为了实现长远绿化目标，我们需要依据成熟树木的树冠大小来设定合适的株距。如果想在较短时间内看到明显的绿化效果，可以采取较密的种植方式。我们通常采用将不同生长速度的树种混合种植的策略，以实现短期与长期的绿化转换。然而，在选择树种时必须注意它们的合理搭配，确保满足各自的生态要求，这样才能确保预期的绿化成效得以实现。

在树木配置的过程中，我们需要全面考虑将快速生长和缓慢生长的树种相结合，常绿植物与落叶植物相搭配，乔木与灌木相协调，观叶植物与观花植物相映衬。同时，根据特定的目标和环境因素，合理规划树木与花草的占比，如在纪念性园林中，可以适度提高常绿树的比例。在树木的种植搭配上，要追求和谐与层次感，防止产生突兀的视觉效果。在种植设计的过程中，我们还应重视保留和利用现有的树木，尤其是珍贵的古老树种，可以在这些树木的基础上进行新的植物搭配和种植。

二、城市园林中植物种植设计的主要种类

园林植被的搭配设计是植被设计工作的核心。在实施植被设计的过程中，我们应当坚持将功能需求、艺术表现与生物特性三者有机结合的原则。同时，我们也应该继承和发展我国园林植被搭配的审美风格，以创造出既具备传统美感又不失创新意识的园林环境。在都市园林的建设中，植被设计大致可以分为以下几大类。

（一）孤植、对植与行列植

1. 孤植
孤植的目的是凸显植物的个体美感，对于观赏植物的选择，需满足以下条件：

（1）拥有高大的身躯、繁茂的枝叶和开阔的树冠；

（2）生长茁壮且寿命较长；

（3）不会产生带有污染性的花果落物，且不含毒性成分；

（4）具备独特的观赏特性；

（5）花朵盛开、叶子密集，香气浓郁，或者叶色多变。常见的孤植树种包括雪松、金钱松、香樟、广玉兰、樱花、梧桐、珊瑚树、银杏、柳树、七叶树、红枫、无患子等。

孤植树并非仅限于独立栽种的单棵树木，有时为了提升景观的壮观效果，也会将两三棵同类树木紧密种植，营造出一种特别的树冠群体景观。孤植树的核心目的是为了满足景观设计的审美需求，它作为开阔地带的视觉焦点，既能提供阴凉，又能展现树木自然生长的态势，突出它们的挺拔、繁茂和雄伟。虽然在园林树木配置中孤植树的比例不大，但其关键作用不可小觑。孤植树的位置应选在开阔地带，既要确保树冠有充足的生长空间，也要有合适的观赏点，以便人们有足够的空间进行活动和欣赏。

在园林设计领域，孤植树的应用十分广泛，它们通常被安放在辽阔的草坪、林间空旷地带，为游客提供充足的观赏空间，使其可以从远处领略树木的独特魅力。这些树木同样适合被栽植在视野开阔的水边或高地上，作为一道亮丽的风景线，提升整体景观的吸引力。另外，在自然风格园路拐角、河流溪流曲折处，孤植树也常常被用作引导，吸引游客深入探索未知景观，此时它们也被称为引导树。孤植树还可以布置在公园入口、广场的边缘、人迹罕至的地方，或者园林建

筑所围成的庭院、小型游乐设施前的地面铺装区域。无论孤植树被放置于何种环境中，它们都需要与周边的环境和谐相融，以凸显其形态与色彩的独特美感。作为园林布局中的关键元素，孤植树应与周围景观协调一致，相互辉映。特别是在开阔的广场、高地、山坡或大型水域边缘，所选的树种应足够高大，以便与广阔的背景形成协调的平衡。孤植树的颜色应与天空、水面或草地等背景形成鲜明对比，从而增强其视觉冲击效果。例如，香樟、白皮松、乌桕、银杏和枫香等树种，因其鲜明的形态和色彩特点，成为种植孤植树的理想选择。

在小型森林的草地上、小型水域的边缘以及私家小庭院中，适合种植形态精致、独立的树木。这些树木应具有优美的轮廓和鲜明的色彩。适宜的树种包括五针松、日本赤松、红叶李、紫叶桐和鸡爪槭等。

在园林的山水画卷中，孤立生长的树木应与那些形态奇异、透气孔隙、充满灵动的山石相映成趣，树态以盘根交错、古雅雄壮者为佳。推荐的树种包括日本赤松、五针松、梅花、黑松、紫薇等。同时，在独树根部巧妙地布置自然巨石，不仅能丰富园林的自然景观，也能为游客提供一个休憩的角落。

在园林设计过程中，优先利用本地现有且成熟的树木作为独立的景观节点极为关键。若公园内存在百年古树或数十年的大树，设计时应巧妙地将这些自然遗产融入整体景观布局之中，借助这些古老树木来迅速呈现园林的艺术魅力，这是因地制宜和借鉴优秀设计理念的完美体现。若缺乏现有大树，选择树龄在10—20年间的稀有树种作为独立的观赏树木同样是一个可行的策略。在园林中配置独立树木时，应优先采用大型苗木，并通过吊装技术进行栽植，这有助于加速展现园林的艺术效果。

2. 对植

对植是一种按照特定轴线实现树木对称或均衡栽植的方法，常用于强调公园、建筑、道路及广场入口的视觉效果。此栽植手段不仅起到遮阴和提供休息场所的作用，而且在空间布局中也作为辅助景观，增添美感。

在规则式园林设计中，常常可见到沿中心轴线对称布置的同种树木，这些树木规格划一。排列时，确保每两棵树之间的连线与中心轴线垂直相交，并且该连线被轴线平分。这种布局方式在园林入口、建筑入口和道路两旁尤为常见。在选择树种时，通常偏好树冠形状整齐的品种，而对于树冠形态怪异的树种，应慎重考虑对其的使用，以维护整体景观的美观性。在安排树木的具体位置时，需要考虑既不干扰人们的正常通行和活动，又能为树木提供充足的生长空间。一般来说，大乔木与建筑墙面应保持至少5米的间隔，而小乔木和灌木虽可缩短间隔距离，但也应保持2米以上的距离。

在自然式园林设计中，即便植物布局不追求绝对对称，也能打造出一种和谐平衡的美学效果。自然风格的园林在入口两旁、桥梁尽头、阶梯旁边、河道起点、封闭空间的入口以及建筑前方，均应布置与自然风格协调的引导植物和入口绿化。最基础的自然式对植手法，就是将景观中轴线视为平衡中心，两侧种植相同品种的植物，但要在大小和形态上有所区别。植物应朝向中轴线排列，靠中轴线的位置使用较大的树木，而较远的地方则选择较小的树木。树木的种植点应排成直线，避免与中轴线形成垂直交叉。

在打造自然风格的植物景观时，我们可以灵活选择不同数量和种类的树木进行巧妙搭配。比如，左侧可以放置一棵枝繁叶茂的大树，而右侧则可以栽种两棵形态相近的小树；或者两边种植种类相似但细节上有所区别的树木，或者各有一丛树木，这些树木的种类也应以相似性为基础。在布局上，应努力避免生硬的对称，同时确保树木之间有良好的互动与呼应。此外，还可以在道路两旁种植树木，形成一种引人入胜的夹道景观。通过对树木分支的合理修剪与引导，我们可以打造出一种彼此依存、枝叶交织的自然美景。

3. 行列植

行列式栽植是一种按照既定的株距和行距，以行列形态进行有序植物种植的方法。这种栽植模式能够营造出井然有序、风格统一且壮观的景观效果，常作为规则式园林绿地（如道路、广场、工业区、居住区以及商务楼周边绿化地带）的基础栽植手段。此外，在追求自然风格的绿地中，行列栽植同样可以用来打造出整洁美观的局部景观。由于其施工与维护简便，行列式栽植备受推崇。

在进行行列式栽植设计时，优先考虑树冠形态整齐的树种，如圆形、卵圆形、倒卵形、椭圆形、塔形、圆柱形等。应避免选用那些枝叶稀疏、树冠形态不规则的品种。行列式栽植的间距，包括株距与行距，需要依据树种的特性、苗木的尺寸以及园林的具体用途来设定。一般而言，乔木的株行距可设置为3—8米，有时甚至更宽；而灌木的株行距则建议在1—5米范围内，若种植过于密集，则可能会产生类似绿篱的视觉效果。

在规划行列式植被布局时，要细心协调与其他因素的潜在冲突。这类植被通常用于建筑周围、道路两旁以及布满给排水管道的地区，因此我们必须亲临现场调研，并与各相关部门及利益方协商沟通，共同处理遇到的问题，同时保证景观设计上的协调一致性。将行列式植被与道路设计相结合，还能营造出一种引人入胜的夹景美学效果。

行列式栽植方式主要有两种基本形式：一种是均匀行列距，其特点是在平面布局中，种植点构成正方形或品字形状，这种方式常见于布局规整的园林绿地中。另一种是等行但不等距，即保持行与行之间的距离相同，而同一行内的植株间距则有所差异，形成不等边三角形的布局。这种布局方式多应用于规则式或自

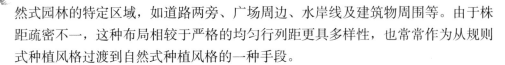

然式园林的特定区域，如道路两旁、广场周边、水岸线及建筑物周围等。由于株距疏密不一，这种布局相较于严格的均匀行列距更具多样性，也常常作为从规则式种植风格过渡到自然式种植风格的一种手段。

（二）丛植与群植

1. 丛植

（1）丛植的特征和要求

丛植，就是将数棵到数十棵乔木或灌木集合在一起形成群体的布置手法，在园林景观设计中具有关键的装饰作用。这种布置方式对树木品种的选择与搭配有着较高的要求，既要保持整体上的协调统一，又要突出每株树的个性之美，以创造出层次分明、对比鲜明、相互映衬的视觉效果。丛植尤其适合布置在视野宽广的地方，如湖畔、岛中、道路弯道、交通要点及山坡等地带。

（2）丛植在造景方面的功用

①在设计景区时，树丛经常被用作对景和障景，与其他元素共同分割空间，这在入口、主要道路的分岔、弯道以及尽端处理上尤为常见。在选择用于这种设计的树种时，应首先考虑那些枝繁叶茂、形态美观的种类。

②在大型公共建筑中，树丛不仅可以作为辅助景观，还能成为局部空间的主景。在建筑两侧，常常种植高大的树丛以协调建筑的垂直线条。在园林的中央草坪、水边、岛屿等显眼位置，树丛常常成为视觉焦点，呈现出显著的观赏效果。

③树丛还可以用来衬托景物，充当背景。为了凸显雕像、纪念碑等特定景物，常常使用树丛作为背景和陪衬。

④另外，树丛还能够增强空间层次感，用作夹景或框景。在狭长或开阔的空间里，通过合理配置树丛进行分割，树丛所拥有的丰富层次可以扩展视线，消除空间的单调与冗长感。如果有景点在前方，树丛则扮演夹景或框景的角色。

（3）丛植的设计关键要素

在选择丛植树种时，必须精心考虑种类的选择，不宜过多，且要深入了解其生物学特性与个体间的相互影响，以确保植株在空间分布、光照、通风、温度、湿度及根系发展等方面能够和谐共生。同时，在形态与色彩的搭配上，要追求统一与变化的和谐艺术效果。对于自然风格的树丛配置，应恪守以下原则：

①树种的选择要简洁，形态上的差异不宜过于悬殊。树丛应展现出丰富和谐的高低、大小和色彩层次。

②在树丛的布局位置、比例大小等方面，要达到均衡的效果。立面设计要注重高低错落、大小相宜、层次清晰、疏密得当、色彩协调、明暗对比以及前后位置的丰富变化。

（4）丛植配置的形式

①在搭配两株树木时，应确保它们既具有和谐的统一感，又展现出适当的对比，从而构成一个完整的统一体。

②至于三株树木的配合，最佳选择是形态和大小有所区别的同一树种。若选择两种树种，它们应属于相似种类，或者同为常绿或落叶，甚至可以是常绿与落叶的混合，但务必保持平衡与呼应。

③对于四株树木的组合，不宜将它们种植在一条直线上，而应采取分组栽植的方法。根据树丛的外形，可以分为不等边的三角形和不等边的四边形两种基本类型。

④在五株树木的组合中，最好使用同一树种，并且每株树木的体形、姿态、动势、大小及栽植距离都应有所不同。最理想的分组方式是 3 ：2，即将树木分为一个三株小组和一个二株小组，体型较大的树木必须位于三株小组中，确保主体始终在三株小组中。组合原则是：三株小组的树丛姿势应与三株树木的姿势相同，二株小组的树丛姿势应与二株树木的姿势相同，两个小组都要有动势，并且动势要达到平衡。另一种分组方式是 4 ：1，其中单株树木不应是最大或最小的，最好是 2、3 号树种，两个小组的距离不宜过远，动势上要有联系。五株由两个树种组成的树丛，在配置上可分为一株和四株两个小组，或分为二株和三株两个小组。当树丛分为 4 ：1 两个小组时，三株树种应分别置于两个小组中，而二株树种应置于同一个小组中，不能将二株的树种分为两个小组；若需将二株的树种分为两个小组，其中一株应配置在另一树种的包围之中。当树丛分为 3 ：2 两个小组时，不能将三株的树种置于同一小组，而另一个二株的树种则应位于同一小组中。

⑤六株以上的树木组合，实际上是将二株、三株、四株、五株这些基本形式相互组合。随着树木配置的株数增加，其复杂性也会相应提高。理解了五株的配置原则，六、七、八、九株的组合就可以依此类推。

2. 群植

树群的构建，一般包括 20—30 棵树木，它们以群体的和谐美而闻名，如同单独的树木或小树丛一样，成为景观设计中的一颗耀眼明珠。在选择树群的位置时，应当优先考虑开阔且宽敞的地方，如森林边缘的广阔草坪、开阔的林中空地、水中岛屿、宽阔的湖边、小山或土丘等。为了确保游客在欣赏树群时能获得舒适的体验，应在树群的主要观赏面前方，保留至少一个相当于树群高度 4 倍、宽度 1.5 倍的空旷地带。

树群的规模需适度，其布局应保证四周视野的开阔。在此树群中，每棵树都应拥有其独一无二的风貌，为整体景观增添一份特有的魅力。一个理想的树群设计，应当以紧密的结构打造出层次分明的自然风光。通常，树群内部不宜对游客开放，既不便于游览，也不适合作为休息区。然而，在树群的北侧，树梢向外延伸的边缘区域，却提供了一个遮阳休息的理想空间。

树群主要分为两种类型：一种是单一树群，它主要由同一品种的树木构成，并可辅以宿根性花卉作为地被植物；另一种是混合树群，这种类型更为普遍，它由乔木层、亚乔木层、大型灌木层、小型灌木层和多年生草本植物层五个层级组成。每一层都需要突出其植物的观赏特性。乔木层应挑选树冠形态各异的树种，以打造出多变的天际线；亚乔木层则适合选择开花丰富或叶色斑斓的树种；灌木层主要应由开花植物组成；而草本植物层则应以多年生野生花卉为主，以确保树群下方的土壤得到有效覆盖。

在进行树木群落的规划设计时，应把握以下几个重要原则：优先挑选喜光且树干高耸的乔木作为核心植株，而环绕其周边则应配置相对低矮的亚乔木。大型及小型灌木应置于林地的边缘地带，以避免相互之间的光照遮挡。同时，需注意保持树群轮廓的自然流畅，避免形成过于刻板的金字塔形态。实际上，可以在树群外围的合适位置布置一些小型树丛和个别独立树木，以此增添景观的立体效果和层次感。

在树木群体栽植的过程中，合理安排树木间的空间布局极为关键，旨在营造一个既自然又富有层次感的三角形结构，力避生硬的行列或条带形态。挑选树种时，无论是常绿还是落叶，观叶还是观花，都应巧妙混搭，避免出现单调的带状分布。同时，根据场地的具体尺寸进行适宜的规划，防止形成过大面积的混合栽植区。建议运用多层次混合种植的方法，结合小块状和点状的混交模式。在配置树木时，还需考虑它们的生态习性，例如在阳光充足的玉兰树下搭配月季作为下层植被是合适的，而将喜阴的桃叶珊瑚放置于阳光强烈的地方则不相宜。一般而言，上层乔木应选择喜光的树种，亚乔木层则适宜选用半阴性的种类，并栽植于乔木的阴凉处或北侧。另外，对于喜欢温暖环境的植物，最佳的位置是树群的南侧或东南侧。

（三）林植与带植

1. 林植（树林）

大量密集种植乔木和灌木，形成连续的林地或森林景观，这种种植方式被称为林植，或简称为树林。林植常见于宽广公园的静谧区域、风景名胜地、休养疗养场所及生态保护区的森林防护带中。

（1）树林的作用

①在园林景观设计过程中，树木的配置扮演着极为重要的防护角色，它们是设计中不可或缺的组成部分。比如防风林、水源保护林、河岸防护林及其他专门

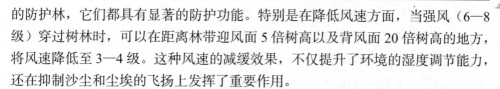

的防护林，它们都具有显著的防护功能。特别是在降低风速方面，当强风（6—8级）穿过树林时，可以在距离林带迎风面 5 倍树高以及背风面 20 倍树高的地方，将风速降低至 3—4 级。这种风速的减缓效果，不仅提升了环境的湿度调节能力，还在抑制沙尘和尘埃的飞扬上发挥了重要作用。

②森林在生产力系统中扮演着极其重要的角色，其巨大的生产潜力不容小觑。森林不仅提供木材，还产出栗子等粮食资源，以及食用油、水果等多样化产品。此外，森林内的空旷地带也适合苗木培育，这有助于进一步发掘和增强森林的生产能力。

③在园林美学的领域里，树林扮演着至关重要的角色，它不仅能够有效地遮挡视线、划分空间，还能在河岸两旁绘制出一幅幅令人陶醉的画卷，为整个景观带来丰富的层次和迷人的美感。比如杭州的超山和广州的萝岗洞，那里连绵不绝的梅林犹如一片"香雪海"，构成了一幅让人陶醉其中的自然美景。

（2）树林的设计要求

①应当充分发掘河流两岸、沟渠侧畔及道路两旁的闲置土地，力求构建具备多样化功能的林带，以最大限度降低对农田的占用。对于工矿企业而言，为抵御有害物质的侵害，必须先对这些物质的来源、危害程度及影响范围进行详尽分析。只有这样，才能挑选出具有抗毒特性的树种，并设计出高效的防护林体系。

②挑选恰当的树木间隔，以打造宽敞的林中空地，适合作为车辆停放场所、太极拳练习场地，以及布置休闲茶座等多功能活动区域。

③一般而言，风景林可以根据密度的高低被划分为疏林和密林两大类。这两种类型的森林通常与草地配合，共同进行综合性的规划与设计。

第一，疏林草地。在酷暑难耐的夏季，这片葱郁的树荫能够为人们提供遮阳避暑的舒适之地；而到了严寒的冬季，此处则阳光和煦。这片草地既适合休闲放松，也便于开展各类活动。此外，这片森林景色变幻无穷，备受游客青睐。在选择树木种类时，应当优先考虑那些叶色斑斓、香气浓郁，且不会对环境卫生产生负面影响的树种。

第二，密林。通常，由于树木繁茂，林缘地带难以被外部窥视。在森林培育过程中，若使用 1—2 年的幼苗，阔叶树的栽植密度可控制在每公顷约 10000 棵，而针叶树则约为每公顷 15000 棵。一般情况下，栽植后 4—5 年，可以实施一次间伐，此时应确保每棵树之间保持约 2—3 米的间距。

自然园林的规划精华在于其混合了各种大小的树木，这些树木既显得茂密又富有层次感。它们如同画家的笔触，勾勒出一幅深远的自然画卷，四周的景色在这些树木的掩映下，更添几分美感。园林的魅力在于其视觉效果的层次感和深远感，尤其是从远处眺望主要景点时，其美景之美，难以用语言来形容。混合林应

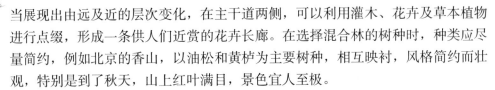

当展现出由远及近的层次变化，在主干道两侧，可以利用灌木、花卉及草本植物进行点缀，形成一条供人们近赏的花卉长廊。在选择混合林的树种时，种类应尽量简约，例如北京的香山，以油松和黄栌为主要树种，相互映衬，风格简约而壮观，特别是到了秋天，山上红叶满目，景色宜人至极。

2. 带植（林带）

自然生成的林带是由树木构成的条状集合，其长度与宽度的比例一般大于4：1。在园林景观设计上，这样的林带扮演着多重角色，如遮挡不必要的视线、分割空间、作为风景的背景板、为人们提供遮阴，同时还能起到挡风和降低噪声的作用。

在自然风格的林带设计中，树木的种植应避免整齐划一的行列排列，而应通过不同种类树木间的多样化间距种植，营造出高低错落、变化丰富的天际线。同时，林带的边缘应设计成蜿蜒曲折的形状，以增加自然感。这类林带通常由乔木、亚乔木、大中小型灌木以及多年生花卉等多种植物组成，共同构建出层次分明、生机勃勃的自然景观。

林带作为连贯景观的一部分，其独特的美学魅力在游客行进的过程中逐渐显现出来。在设计林带时，我们需要重视其主题风格、基础风格及辅助风格的展现，同时融入变化与节奏的美感。主题风格应根据四季的更迭而有所变化。对于位于河岸或道路两侧的林带，我们应运用复合构图法，两侧不必过于追求对称；林带中的植物种类可以丰富多样，混合搭配，这些设计都需依据林带的功能需求和预期效果来决定。将乔木与灌木、落叶树与常绿树混合种植，不仅能提高林带的观赏价值，还能在防尘降噪方面发挥重要作用。

在选择和布置防护林带的林木时，可以根据具体需要挑选适宜的树种类别。树木的种植应遵循一定的规律，比如按照行列的顺序进行有序栽植。

（四）攀缘植物

立体绿化中，攀缘植物扮演着至关重要的角色，它们能在有限的地面上最大限度地实现绿化效果，有效地扩展绿化空间，并为建筑的外墙带来多姿多彩的视觉盛宴。这类植物种类繁多，包括生长迅速、能迅速显现效果的草本植物如各种果蔬；而木本植物虽然生长较为缓慢，但成熟后却能提供持久而迷人的景观。

1. 附属于建筑物的攀缘植物

攀缘植物作为建筑的自然装饰，能有效降低夏季墙面的高温，从而改善室内的气温环境。特别是对西向墙面，这类植物的降温作用更为显著。研究指出，室内气温能够因此降低 3—7 摄氏度。除此之外，攀缘植物还能吸附大量的灰尘，减少噪声，为建筑增添一分美感。以下是一些常见的攀缘植物类型：

（1）具备吸盘和气生根的攀缘植物，如常春藤、地锦、爬山虎等，它们能够紧贴墙面生长，因此不需要额外的支撑设施。

（2）对于没有吸附性的葡萄、紫藤、猕猴桃等攀缘植物，可以在墙面结构上设置支架，以帮助它们攀附和缠绕生长。

（3）而对于轻质的草本攀缘植物，例如牵牛花、瓜果等（主要是一二年生种类），则需要利用墙上的铅丝、绳子等工具来进行牵引。

在进行建筑物外墙攀缘植物的设计时，我们需根据各类植物的特定属性进行精心选择，并考虑到辅助设施的运用，如支架和铅丝的配置。在设置支架时，特别要注重其冬季的视觉效果，因为此时植物会落叶，支架将暴露无遗。对于住宅建筑广阔的外墙面绿化，优先选择多年生的攀缘植物；而对于低层建筑或高层建筑的首层，则适合种植一二年生的草本植物，或者搭配一些生长较矮的木本植物，例如木香、蔓性蔷薇等。在选择开花类攀缘植物时，应选择那些花朵颜色能与建筑墙面形成鲜明对比的种类。例如，在灰白色的墙面上种植凌霄，会比在红色墙面上攀爬的凌霄展现出更佳的视觉效果。

在城市主要道路的两侧，高耸的建筑物通常不会让攀缘植物覆盖它们的正面墙体，而是仅仅利用这些植物来美化阳台和篱架。对于高层建筑而言，因为无法直接接触地面土壤，人们常在窗台和阳台上摆放各种容器，并填入培养土以实现绿化，这种做法既简单又广受欢迎。然而，我们必须认识到垂直绿化有可能对建筑物造成一定的损害，例如破坏墙基、遮挡墙面装饰，以及可能招引昆虫和爬行动物等，因此，我们需要实施相应的防护措施。

2. 棚架布置的攀缘植物

在庭院中阴凉的一隅及局部景观的设计中，常常会运用到搭配攀缘植物的棚架、花架和廊架。在设计这些结构时，要充分考虑到周围环境的特性，确保其尺寸适宜、外观优雅轻盈、色彩搭配和谐，并且所选用的建筑材料需要具备良好的耐久性，能够承受植物生长过程中产生的拉力，同时也能抵御自然界中的风雨侵袭。

在挑选棚架的攀缘植物时，一般会在棚架周围种植相同种类的单株或多个植株。对于面积较大的棚架，也可以选择几种外观相近的攀缘植物进行混合搭配，如蔷薇科的不同种类，这样做可以使色彩更加斑斓多彩。对于那些在成长初期无法完全遮盖棚架的多年生植物，可以通过栽植一些草质攀缘植物作为暂时的填充，或者可以暂时不搭建棚架，让植物在地上自由生长，等到它们成长成熟后再设置棚架。

除了运用墙面和棚架进行点缀，攀缘植物亦普遍被应用于篱笆、围板、门沿、矮墙以及土坡斜面的绿化装饰。

3. 土坡、假山攀缘植物种植

当土坡的倾斜度超过其能够承受的最大斜率时，往往会导致不稳定和土壤侵蚀问题。此时，种植那些具有发达且牢固根系的攀缘植物，可以有效地稳固土壤，并为土坡带来整洁开阔的视觉效果。对于较高的斜坡，还需要将其分割成多个水平层面进行植被覆盖，以进一步提升坡面的稳定性。

在中国古典山水园林中，假山常被用来作为装饰，但许多设计过分强调山石自身的形态美感，导致山石完全裸露在外，有时会显得单调乏味。为了解决这个问题，通常会在精巧的山石上栽植攀缘植物，以增添生机。例如，在杭州西湖三潭印月的"九狮石"上，可以看到凌霄花的美丽身影；一些石笋上则攀爬着地锦，洞穴中则缠绕着古老的紫藤，这些都大大增加了山石的自然韵味。特别值得一提的是苏州留园玉峰仙馆前的一幕：一株经过精心修剪的灌木状藤本枸杞，巧妙地穿插并攀附在高耸的太湖石上，枝条自然下垂，花开果结，呈现出一种独特而生动的种植方式。直立的石笋若与苍劲的攀缘植物相缠绕，可以有效打破其单一的外形。对于外观不太理想的山石部分，也可以通过攀缘植物进行修饰，以美化石面。然而，在选择攀缘植物种类和决定覆盖程度时，应当考虑到山石的观赏价值和特性，避免过度覆盖影响山石的主要观赏面，确保植物与山石的和谐共生，不致于喧宾夺主。

（五）绿篱植物

我们将采用灌木或小型乔木，以较密的株距和行距进行紧凑种植，并形成单行或双行规律排列的绿化方式，称为绿篱。

1.绿篱的主要功用

绿篱主要有两种形态：一种是修剪后的整形形态，另一种是让其自然生长的形态。在整形绿篱中，人们通常挑选生长速度缓慢、叶子茂密、耐修剪的常绿灌木和乔木，如罗汉松、侧柏、龙柏、女贞、雀舌黄杨、锦熟黄杨、大叶黄杨等。那些生长速度特别慢的种类，可以通过修剪形成简单的几何形态。而在自然形绿篱中，人们倾向于选择如木槿、枸骨、枸橘、珊瑚树、六月雪等开花的灌木，让它们自由生长，不做修剪处理。

绿篱的作用多种多样，以下是它的主要功能：

（1）绿篱能够凸显并加强场地边缘的线条；

（2）它作为一种屏障，不仅能够将不同的景观区域分隔开来，还具有减少噪声和尘埃的效果；

（3）根据生产需求，绿篱可用于确定和保护区域的界限；

（4）绿篱亦可用于美化土地周围的墙体，通过栽植开花的灌木，打造出赏心悦目的花墙；

（5）在景观设计上，绿篱可以构成迷宫式的园林，或形成各式各样的文字和图案。

2.绿篱的类型划分

（1）按高度划分。根据高度差异，可以将它们划分为四种类型：绿墙、高绿篱、中绿篱及矮绿篱。

①所谓绿墙，亦称为树墙，是指高度超过常人眼高（约160厘米）的绿篱，它能够有效地遮挡视线，防止人们透视。

②高绿篱是指高度在120—160厘米之间的绿篱，虽然视线可以穿透，但其高度却使得普通人难以跃过。

③中绿篱，也就是通常所说的普通绿篱，其高度介于50—120厘米之间，人们跨过它需要费一些力气。

④矮绿篱，即高度不超过50厘米的绿篱，人们可以轻松跨过。

（2）按功能要求与观赏要求划分。依据功能与观赏要求的不同，可以将它们分类为常绿篱、落叶篱、花篱、观果篱、刺篱、蔓篱和编篱等几种类型。

①园林中，最常见的绿篱类型是常绿篱，它由多种常绿树种组成，比如桧柏、侧柏、罗汉松、大叶黄杨、海桐、女贞、小腊树、冬青、波缘冬青、锦熟黄杨、雀舌黄杨、月桂、珊瑚树、桐树、蚊母、观音竹、茶树、常春藤等。

②而在东北、华北地区，落叶篱较为常见，主要由落叶树种构成，常用的树种有榆树、丝棉木、紫穗槐、雪柳等。

③园林中，花篱与绿墙的精美之处在于它们由观花树木构成，这些树种包括常绿芳香花木如桂花、栀子花；常绿或半常绿花木如六月雪、金丝桃、迎春、黄馨，以及落叶花木如木槿、锦带、溲疏、玲珠花、麻叶绣球、日本绣线菊等。

④观果篱的植物在果实成熟时具有很高的观赏价值，例如紫珠、枸骨、火棘。对于观果篱，适宜进行适度的规则整形修剪，以避免过度修剪导致结果减少，影响观赏效果。

⑤园林中用于防范的刺篱，采用带刺的植物，既实用又美观，常用的树种包括枸骨、枸橘、花椒、黄刺梅、胡颓子等，其中枸橘在山东、河南被誉为"铁篱寨"。

⑥在园林、机关、住宅小区中，为了快速实现防范或区划空间，通常会先设立竹篱、栅栏围墙或铅丝网篱，然后栽植藤本植物让其攀缘其上，形成别具一格的蔓篱。

⑦为了增强绿篱的防范功能，防止游人或动物穿越，有时会将绿篱植物的枝条编织成网状或格状，常用的植物包括木槿、杞柳、紫穗槐等。

3.绿篱的种植密度

栽植绿篱时，其密度应根据绿篱的用途、所选树种的特性、苗木规格以及种植地带的宽度来决定。一般而言，对于低矮型及普通型绿篱，植株间应保持

30—50 厘米的间隔，而行间距宜在 40—60 厘米。若采用双行栽植，植株应以三角形交错方式排列。至于绿墙，则植株间距建议在 1—1.5 米，而行距应在 1.5—2 米范围内。

（六）花坛与花境

1. 花坛

花坛是在一定几何形状的区域内，通过种植多种色彩艳丽的观赏植物，营造出具有个性化图案、独特纹样或醒目色彩的美观效果。它借助植物的勃勃生机，呈现出群体的艺术美感，作为一种图案化的装饰要素。在园林景观设计领域，花坛常常充当核心或辅助景观的角色，用以增添整体布局的丰富性。

（1）花坛的形式

①作为园林设计的核心元素，独立花坛以其规范的几何形状展示其独特魅力，通常位于建筑广场的中心、路口的交会点，或被花架和绿树环绕的园林中央。这种花坛的平面设计以对称的几何图案为特征，可能是一个或多个平面的对称。在设计过程中，其长度与宽度的比例不应超过 3：1，占地面积也应适中。由于独立花坛没有设置行人通道，游客无法进入，如果面积过大，从远处欣赏时花卉的细节就会难以辨认，从而影响其艺术美感。独立花坛不仅适用于平坦的地形，同样也适合安装在斜坡上。

独立花坛可以根据所栽种的花卉展现的主题差异，划分为几个不同的类别（表 3–1）。

表 3–1 独立花坛的主题

类别	内容
花丛花坛	草本花卉在盛开季节，以其独特的群体魅力展现华丽的视觉盛宴，以花朵的璀璨作为视觉焦点。所选花卉应具备旺盛的生长活力和鲜明的色彩，确保在花期同步绽放，形成一片只见花朵、不见叶片的壮观花海。通常选用一二年生花卉进行种植，通过在一年内不断地更换与交替，打造出四季变换、色彩缤纷的视觉景观。
图案花坛	通过巧妙搭配色彩缤纷的观叶植物和花叶并茂的植物，打造出耀眼夺目的图案，以呈现主题，这样的景观最佳观赏角度是从高处俯视。同时，还可以将其设计成立体装饰，如花瓶、花篮、大象等形状。在选择花卉时，应注重花卉的观赏周期长、花朵或叶片细腻且密集、植株低矮且高度统一的特点。一般来说，秋季的五彩苋是常用的材料选项。
混合花坛	混合花坛集两者之美于一身，既展现出丰富多彩的色调，又呈现出细腻优雅的图案。

②花坛群是由两个以上的独立花坛组成的整体图案单元。而花坛群组则是把

多个花坛群集结起来，打造出一个连续且统一的景观构图。

第一，中央区域的花坛群可以打造独立的景观花坛，或者设计成水池、喷泉、雕塑、纪念碑等各式景观。这些花坛群内部铺设了供人们散步休息的小径，在较大的花坛群中，还增设了座椅和花架等设施，为游客提供了一个歇脚休闲的好去处。

第二，花坛群组常常被布置在辽阔的对称式园林之中，除了起到装饰作用的花坛群之外，一般还会配置有图案美感的草坪作为其陪衬。

③当狭长花坛的宽度超过1米，且其长度至少是宽度的3倍时，我们将其归类为带状花坛。在景观设计的整体布局中，带状花坛不仅可以作为主要的景观元素，还能作为装饰性的观赏花坛的边缘点缀。这类花坛常见于道路两旁、建筑物的墙基附近或草地的边缘地带，通常使用花丛式植物进行细致的搭配和栽植。

连续带状花坛群，是将独立花坛与带状花坛按照特定的节奏顺序排列，形成一道连贯的直线景观，呈现出整体的和谐美感。这种花坛群设计不仅适用于平地，也可以在斜坡的两侧或中央进行装饰。无论是斜面还是平地，通过采用阶梯式的布局方式，都能打造出美观动人的连续带状花坛群。

（2）花坛的设计要点

①设计广场中央的花坛时，其外形需与广场的整体轮廓协调一致。在保持风格统一的前提下，可适当调整花坛的形状以增添活力。花坛的纵横向轴线应与建筑或广场的轴线相匹配，或与整体布局的主轴线保持一致。

②当主景花坛用于装饰雕像、喷泉或纪念性建筑时，其色彩和图案应作为辅助元素，旨在强化主题的突出。

③辅助装饰的花坛通常以群组形式出现在主景的两侧。如果主景采用多轴对称设计，那么配景花坛应沿着对称轴两侧均匀对称布置，以保持整体布局的均衡感。

④单个花坛的面积不宜过大，因为面积过大可能会影响观赏效果，使其独特性难以凸显。

⑤花坛旨在展现其平面图案的美感，因此植物栽植的高度不宜过高。为了提高花坛的显眼度并确保排水顺畅，花坛高度应比地面高出7—10厘米，中央稍微隆起，坡度为3%—5%。花坛周边应使用建筑材料或植物材料作为边缘，高度和宽度应适宜，一般高度为10—15厘米、厚度为10厘米最佳，形状和色彩应简洁并与广场建筑相协调。

⑥种植土的厚度应根据不同植物的需求来设定，一年生花卉需20—30厘米的厚度，而多年生花卉及灌木则需40厘米。使用盆栽花卉布置花坛较为灵活，不受场地限制，且无需考虑种植土的厚度，因为花卉是种植在盆中，只要盆内土

层合适即可。

2. 花境

随着我国城市化进程的不断加速，原本聚焦于城市基础设施建设的策略，现已逐步转变为打造综合性、生态性的城市。城市的公共绿地空间持续拓展，众多生态园林景观植被被引入市区。在这一背景下，为提升绿地景观的审美价值和多样性，在公共绿地中增添花镜显得尤为关键。

花境，作为一条由多种多年生花卉组成的线性景观带，它以自然风格的块状混合种植为特点，旨在展现花卉群体自然融合的景观效果。这种设计理念标志着园林艺术从传统的规则式布局向更加自然化的风格演变，呈现出一种半自然式的种植形态。花境的外观形似一条带状的花坛，其边缘通常由直线或流畅的几何曲线勾勒而成。它的长度通常远大于宽度，而宽度的大小则取决于所种植植物的高度，如草本植物构成的花境一般较窄，而灌木或较高的草本植物则需要更宽的空间。花境的设计注重营造一种沿着其长轴方向延伸的连续景观，结合了垂直与水平的视觉元素。所选用的植物主要是能够越冬的观花灌木和多年生花卉，它们需具备全年观赏价值且四季特色分明，通常在种植后的3—5年内保持稳定，无需更换。花境的核心在于呈现观赏植物的自然美感以及植物群落之间的和谐相融，其设计重点在于打造自然植物群落的景观效果，而非仅仅追求平面几何图形的构成。

（1）花境的类型

花境可以根据其可供观赏的面的数量，被划分为仅能单面欣赏和能够双面欣赏的两个主要类别。

①单面欣赏的花境。道路两侧、建筑物周边以及草坪边缘常常设置单面观赏的花坛。在布置这些花坛时，应该将高大的花卉放置在后面，而将低矮的植物种在前面。花坛的最高部分可以略微超过行人的视线高度，但不应太高，以免妨碍观赏。

②两面欣赏的花境。花境通常设置于道路中央，以便两侧的人们欣赏。在设计时，应将较高的花卉置于中央位置，而两侧则搭配较矮的花卉。中央最高植物的高度应以不遮挡游客视线为宜，除非是灌木构成的花境，其高度可适当提高。

（2）常用花境布置的形式或场合

①建筑物与道路之间狭长的空闲地带。运用花境作为建筑与地面之间的鲜明对比元素，可以有效缓解视觉上的冲突感。在建筑底层设计花境时，建议采用只适宜单面观赏的植物配置方法。

②在道路两侧构建花卉装饰的风景长廊。首先，在道路中间打造两列具有观

赏性的花坛，道路两旁则安排简约的草坪和规则排列的行道树，或者只利用绿化带和行道树进行美化；然后，在道路两侧各自布置一排朝同一方向的花坛，这些花坛以绿化带和行道树作为衬托，确保两侧花坛的设计风格保持一致；最后，在道路中央设置一行独立的花坛，以供两侧观赏，并在道路两侧对称地装置两排方向一致、展现出层次感的花坛。

③与绿篱相结合。在规则式园林内，经过精细修剪的绿篱成为一道亮丽的风景线，而当其前方搭配上匠心独运的花卉布局，便共同打造出一幅魅力无穷、引人驻足欣赏的迷人画面。

花坛与绿篱相得益彰，花坛用其斑斓的色彩为绿篱单调的底部增添了无限生机，而绿篱则以其雄伟的形态为花坛提供了壮丽的背景，二者交相辉映，彼此凸显。为了使游客能够更佳地领略这番美景，一条精致的园路被设计在花坛前方，营造出一种仅限单面欣赏的独特景观。

④与花架、游廊协同搭配。为了提升园林景观的吸引力，花境的布局应充分考虑游客的喜好，并依据他们偏好的漫步路径进行设计。在我国园林中，游廊是常见的建筑元素，尤其在炎热的夏日或雨季，游客更愿意沿着游廊行走。因此，将花境置于游廊一侧，能有效增强园林的视觉魅力。游廊和花架等建筑通常设有高出地面 30—50 厘米的台基，台基前沿是布置花境的理想位置。而花境的另一侧，则可以铺设成园路。这样，游客在游廊中漫步时，既能欣赏到两侧的花境，又能在园路上行走时，为花架和台基增添额外的美感。

⑤与围栏及支撑墙的协同搭配。庭园中，修长的围墙和层叠的挡土墙以其简洁的设计风格，非常适合搭配攀爬植物如藤蔓进行绿化覆盖。在围墙前方，可设计仅供单面观赏的花坛，以墙面作为背景，彰显花卉的美丽。而在阶梯状挡土墙的立面打造小型花坛，同样可以极大提升该区域的视觉吸引力。

（七）花台与花池

花台，作为中国古典园林中的一种特色装饰，以其独特的风格引人注目。它的主要特征是种植床高于地面，一般采用砖石等材料，构筑成规则的几何形状，其高度通常在 30—80 厘米之间。在种植床上，各种观赏植物被精心地配置，高低错落，有时还会点缀以湖石，供人们平视欣赏。在中国的传统园林中，花台的应用十分广泛，有时以粉墙为背景，门窗作为画框，宛如一幅生动的中国花鸟画。由于它高于地面，具有良好的排水性能，既提升了花卉的观赏价值，又常与观萱、阔叶麦门冬等植物搭配，甚至融合山石、小型水体和树木，营造出类似盆景的风格。

在近距离欣赏自然美景时，人们往往倾向于挑选那些对排水有一定要求的植物种类，因为这类植物更适合近距离的观赏体验。比如，竹子、南天竹、牡丹、芍药、杜鹃、蜡梅、梅花、五针松和红枫等都是优选的树木和灌木。至于草本植物，书带草、吉祥草和紫花地丁等也是极佳的选择。一般而言，种植床的高度与地面持平，其边缘会使用砖石来加固保护。在水池中，人们会根据个人喜好自由地种植各种花草树木，或者摆放一些山石，这种布置方式是中国传统庭院中一种典型的花卉配置手法。

（八）花丛与草地

1. 花丛

自然风格的花卉装饰，基本组成单元是花簇，每个花簇由 3—5 株，甚至十几株的花卉构成。这些花卉可以是单一品种，也可以是多个品种的混合。在选择上，更倾向于生命周期较长、生长势强的宿根植物，但也不会拒绝野生花卉和能够自行繁殖的 1—2 年生植物。在养护上，对花簇的照料较为随意，它们非常适合布置在林缘或自然小道的两旁。

从平面布局到立体结构，花丛的设计应体现出自然之美。在单一花丛中，选择的花卉种类虽不多，但每一种都需精心挑选，确保形态和颜色上有足够的变化。花卉的布置主要采用块状混植的方式，同时要注意各块之间大小、密度和间距的变化，以营造出有序而和谐的视觉效果。

2. 草地

草坪，这一园林术语指的是人们通过人工手段，如铺设草皮或播撒草籽，打造出的连绵不断的绿色地表。最初，"坪"字用于形容山丘或丘陵地带中那些相对平坦的区域，或者是小块的平原。但在园林景观设计里，由绿色禾本科植物构成的一大片平坦地带，也被称为草坪。这些草坪不仅美化了园林环境，还为大众提供了一个理想的休闲和娱乐场所。

由一年生草本植物织就的，犹如绿色绒毯般铺展的草地，经过定期的杂草清除、修剪和整平维护，被称作专业草地。这种草地不仅具备固土保水、降尘和消毒的基本功能，而且在城市与园林环境中，还扮演着两种特别重要的角色。首先，绿色植被替代了裸露的土地，赋予城市一种清洁、新鲜、充满活力的景象；其次，由柔软的禾本科植物编织成的绿色地毯，为市民提供了一个理想的户外休闲活动场所。大片的绿色草地给人带来平静、凉爽、亲切和心情愉悦的感觉，无论是年轻人还是老年人，都乐于在这片绿地上躺卧、就座，享受蓝天白云下的清新空气。因此，草地需要具备承受游客频繁践踏的能力。禾本科草类植物因其良好的耐踏性和低矮的植株特点，成为园林草地的理想选择。园林草地可能仅由一种禾本科植物构成，也可能融入少量的其他单子叶或双子叶草本植物，以打造丰富多样的植被景观。

（1）园林草地的类型

①根据草地用途分类，主要有以下方面（表3-2）：

表 3-2 根据草地用途分类

类别	内容
游憩草地	指供人们散步、休憩、娱乐及进行户外活动用的草地。这类草地通常需要定期修剪以保持美观，在公园等场所中应用较为广泛。
观赏草地	此片草地仅供观赏，禁止游客进入嬉戏或踩踏，以维护其自然景观之美。
体育草地	用于体育活动的草地，包括足球场、网球场、高尔夫球场以及儿童游乐场所的草坪。
牧草地	用作放牧同时兼顾游憩功能的草坪被称为游憩牧草园，主要由营养价值高的牧草构成，通常位于郊区的森林公园或风景区域内。
飞机场草地	在飞机场中铺设的草地。
森林草地	在郊外的森林公园及风景区内，森林草地通常保持自然状态，不进行修剪处理，以便让游客自由游玩。
护坡护岸草地	所有位于坡地和水边，用以防止水土流失而铺设的草地，统称为护坡护岸草地。

游憩草坪与观赏草坪是园林绿地中常用的两种类型，而体育草坪则主要应用于各类体育场设施中。

②根据草地植物组合分类，主要有以下方面（表 3-3）：

表 3-3 根据草地植物组合分类

类别	内容
单纯草地	一片由单一草本植物构成的草甸，例如结缕草草甸、野牛草草甸等。
混合草地（或称混交草地）	将多种禾本科多年生草本植物混合进行播种，由此形成的草地，或者是在禾本科多年生草本植物中掺杂了其他类型的草本植物所构成的草地，被称作混合草地。
缀花草地	在主要由禾本科植物构成的草地上，适当混合了一些开花期的多年生草本植物，如秋水仙、水仙、鸢尾、石蒜、葱兰、花葱、马蔺、二月兰、点地梅、紫花地丁、野豌豆等草本和球根植物。这些花卉的种植面积一般不超过草地总面积的三分之一，它们在草地中自然分布，疏密相间，错落有致，非常适合用于游憩草地、森林草地、观赏草地及护坡护岸草地等多种环境。在游憩草地上，这些花卉多集中于人迹罕至的地方。随着季节的更迭，这些花卉或展叶，或开花，或隐去叶花，只留下一片清新的草地，这种季节性的变化为草地带来了丰富多彩的景观效果，充满了观赏的魅力。

（2）挑选适宜园林草地的草种至关重要。理想的草种应具备足够的耐压能力，以适应游人对草地进行休闲娱乐和体育活动的需求，即能够耐受频繁的踩踏。此外，考虑到园林草地广阔的面积，人工灌溉的大规模实施并不现实，所选草种还需具备良好的抗旱性（虽然在干旱季节适当的补水还是必要的）。在众多草类中，那些具有横向生长根茎或匍匐茎的多年生禾本科植物因其出色的适应性成为首选。这些草种不仅能够承受人们的反复践踏，还能够在干旱条件下保持生长，非常适合用于园林草地的建设与维护。

在中国园林中，常用的草坪草种具有一些显著特点：它们的草高一般控制在10—20厘米，地下根系发达，而地上部分则长满了繁茂的匍匐茎。这些特性赋予了它们极佳的耐压性能，即便在高频度的游人践踏下，这些草种也能无需特别修剪而自然形成平坦、紧凑的草坪。同时，这些草种特别适合我国大部分地区夏季高温多雨的气候环境。若草坪局部受损，它们也易于修复和再生。然而，这类草种生长速度较慢，通过种子播种难以有效建植草坪，因此在实际操作中，通常采用无性繁殖技术来进行草坪的种植与维护。中国草皮种类相当丰富，现将一些适应性较强、各地园林绿化常用的种类简介如下。

①适应于北方地区的草种，主要有以下方面（表3-4）：

表3-4 适应于北方地区的草种

类别	内容
野牛草	这类草坪草种具有极高的适应性，即便在管理较为粗放的环境中，其植被覆盖率也能超过90%。它们对光照的需求不高，即便在大树底下的阴影处，其绿化效果也胜过羊胡子草和结缕草。此类草种在与杂草的竞争中展现出强大的优势，并且具备优秀的抗旱性，能够承受频繁的踩踏，同时拥有卓越的再生能力。这些特性使得它们成为打造持久且维护成本低的草坪的理想选择。
结缕草	该草种具备很好的环境适应能力，即便在较为粗放的管理下，其植被覆盖率也能达到80%—85%的高水平。虽然它对光照有一定的依赖性，但在与杂草的竞争力和自我恢复能力上稍显不足，尤其是与野牛草相比。即便如此，这类草种依然以出色的抗旱特性著称，非常适合用来打造节水、易养护的草坪。
羊胡子草	这类草坪草种对养护管理的要求较为严格，其绿化覆盖率一般介于40%—60%，虽然覆盖程度不算太高，但它们的绿色保持时间较长，能够提供良好的绿化效果。不过，这些草种对土壤环境有着较高的要求，对水分及光照的波动也比较敏感。尽管存在这些限制，在树荫浓郁的乔木和灌木下面，这些草种却能够展现出极佳的绿化成效。但是，它们的抗杂草能力和自我恢复能力较弱，而且耐旱性也不强，因此它们更适合在条件较好、环境相对优越的地方进行种植。

②适应于南方地区的草种，主要有以下方面（表3-5）：

表3-5 适应于南方地区的草种

类别	内容
狗牙根	这类草种具备繁茂的匍匐茎，繁殖能力出众，具备极强的适应性，能覆盖地面的80%—90%。它们不仅能在水中浸泡，还能承受反复的踩踏，并且拥有强大的自我修复能力。然而，这类草种不太能忍受严寒，可能会在寒冷的气候中生长受限。这些特点使它们成为打造耐用、高覆盖草坪的优选，特别是在温暖且湿润的区域。
假俭草	又被称为蜈蚣草的植物，在华东、广东以及西南各省广泛分布，尤其常见于湿润的地方。这种草拥有横向扩展的匍匐茎，生长迅速且繁殖容易，能覆盖地表70%—80%的面积。它具有耐踩踏的特性，恢复力强，同时喜爱阳光。在中国长江以南的湿润地区，蜈蚣草非常适合用作水边湿地的护坡和护岸植被。其出色的适应性和旺盛的生长力有助于固定土壤，预防水土流失，还能有效美化周边环境。
细叶结缕草	又称为天鹅绒芝草，亦称其为天鹅绒草，它的叶片细腻柔软，密集如天鹅绒般，铺展开来犹如一张精致的地毯。此草性喜阳光充足的环境，不适于阴暗潮湿之地，植株形态低矮。作为草坪植物，天鹅绒芝草维护简便，不需要频繁修剪，适当的滚压即可维持其如毯的美丽外观。在精心养护下，它能实现高达90%—95%的覆盖率，是一种极为珍贵和高品质的草坪品种。它适合用于观赏性草坪、河畔浴场、露天剧场观众席、网球场等多种场合，被赞誉为最优雅的休闲草坪草种。然而，天鹅绒芝草相对脆弱，适应性不强，对寒冷和干旱的抵抗力较弱，而且在与杂草的竞争中处于劣势，因此需要精心细致地管理与保养。

沟叶结缕草	沟叶结缕草的宽度超过了天鹅绒芝草的叶片，虽然在品质上稍显不足，但它的适应性却更为出色，能够实现 70%—80% 的覆盖率。得益于其优秀的适应能力和较高的覆盖效率，这种草种成为多种环境的理想选择，特别是那些对耐践踏性和低维护需求有特定要求的场合。

在我国，各地普遍采用的草地草种大致可分为上述几类，这些草种普遍喜光，对阴暗环境适应性较差。在实际应用过程中，草地种植往往以单一品种为主，混合播种的情况较为罕见。这种现象表明，人们在实践中更偏好那些适应力强、管理简便的单一草种，以此来打造均匀且稳定的草坪景观。

（3）园林草地的坡度与排水

①为避免水土流失、坡岸的塌陷或崩落，各类草地的地表坡度必须控制在土壤的自然安息角以内。若坡度超出这一临界值，通常就需要实施工程手段来进行坡面加固处理，以维护土壤的稳定性和减轻因坡度过大所带来的环境风险。

②游园活动对草地的坡度有一定的偏好。一般而言，活动举办者倾向于选择坡度较小的草地。比如，体育场的草地不仅要维持最低限度的坡度以确保有效排水，还要尽可能保持平坦。而对于其他类型的草地，如一般性的观赏草地、牧草地、森林中的草地以及护坡草地，只要其坡度能够满足土壤自然排水的需求，就不会对其有过于严格的规定。这些草地的关键在于保持优秀的排水能力，同时为游客提供舒适的休闲空间。

在设计游憩草地时，其对坡度的要求十分严格。在规则式游憩草地中，除了确保最小排水坡度得以维持，其坡度通常不应超出 0.05。对于自然风格的游憩草地，地形的坡度上限宜控制在 0.15 以内。一般而言，游憩草地约 70% 的区域坡度应维持在 0.05—0.10 范围内，并可以有些许的高低起伏。若坡度超出了 0.15，则不仅可能对游憩活动的安全构成威胁，也会使得割草作业变得更加困难。因此，合理地调整和控制草地坡度是保证游憩草地功能性和使用安全的重要措施。

③草地的最低坡度标准需要依据地面的排水要求来确定。例如，在体育场草地中，为了从中心向四周的跑道方向排水，一般会设置一个 0.002—0.005 的倾斜坡度。而对于一般的休闲草地而言，其最小的排水坡度也应保持在 0.002—0.005之间。当地势崎岖不平时，排水可能会遇到障碍，此时可以采取如设置暗沟等手段来优化排水状况。这样的设计不仅有利于草地保持干燥，也能有效避免因积水而引起的土壤侵蚀等一连串问题。

④在确保功能需求得到满足的同时，草坪的地形美同样不容忽视，以确保其与周边环境的和谐相融。一个理想的草坪地形，不仅要呈现出宽敞宏伟的气势，还应该巧妙地融入对比鲜明和曲线流畅的起伏变化，从而提升视觉冲击力和景观的立体层次。经过周密设计，草坪不仅能在实用功能上满足标准，还能在审美层面成为园林景观中引人瞩目的焦点。

（九）水生植物

1. 水生植物在园林绿化中的作用

园林中的水体不仅具备调节周边气候的功能，还能为园林提供便捷的蓄水与灌溉条件，同时也为各种水上娱乐活动打造了理想的环境。此外，水体在园林景观设计中也占据着核心地位，大大提升了园林的审美和生态效益。巧妙的水体设计能够增强园林的整体视觉效果，使其显得更加生动活泼、协调美观。

引入水面后，就可以栽种各种水生植物。这些植物的茎、叶、花、果都具有很高的观赏价值。种植水生植物不仅能够打破水面的单调，为水面增添生机和趣味，还能减少水面蒸发，改善水质。水生植物生长迅速、适应性强，管理相对简单，节省人力。此外，它们还能提供一定的农副产品。例如，莲藕、慈姑、菱角等可以作为蔬菜或药材食用；水浮莲等可以作为廉价的动物饲料；而水杉、池杉、落羽杉、湿地松等则是优质的木材来源。通过种植水生植物，不仅可以美化环境，还能实现经济效益和生态效益的双重提升。

2. 水生植物种植设计要点

水生植物可以根据其生长习性进行分类，而与它们生长环境条件关联最紧密的因素之一是水的深度。在园林设计和应用中，水生植物通常按照其习性被划分为以下几个主要类别。

①沼生植物：这些植物扎根于泥泞之中，而其枝叶挺拔，高高地超出水面，它们大多偏好于沼泽边缘的土壤。比如千屈菜、荷花、水葱、芦苇、荸荠、慈菇、落羽松、水杉及池杉等，它们通常偏爱水深不超过1米的浅水环境。在园林景观的布局中，此类植物非常适合被栽植于那些既不影响游客水面活动，又能装点河岸风貌的浅水地带。这样的设计不仅有助于提升园林的生态丰富性，也能为园林景观增添一抹自然的风采。

②浮叶水生植物：这类植物将根须深深扎入水底泥地，其茎干却不会破水而出，而是让叶片自由漂浮于水面上。像睡莲、芡实和菱角等都是这样的典型代表。它们能在靠近岸边的水浅区域到稍深处的水域中繁衍生息。这些植物不仅为水面增添美感，还有助于提升水质，丰富水生生态环境。在园林景观的布局中，这些浮叶植物可根据水域的不同深度进行种植，既美化了水面景观，又不妨碍水下生态环境的平衡。

③漂浮植物：全株植物如浮莲、浮萍等，通常能在水面或水中自由漂浮，它们生长迅速，繁殖力强，且易于培养。无论是深水还是浅水环境，这些植物都能茁壮成长，并且大多具有一定的经济价值。在园林景观设计方面，这类植物是点缀平静水面的理想选择，它们能为水面增添生动的美感和丰富的视觉层次，尤其是在广阔的水域中，更能够显著提升景观的整体质感和观赏性。

在进行水生植物种植设计时，应避免将整个水面完全覆盖，以防止失去水面的倒影效果和宁静的空间感。同样，也不应沿着岸边连续种植，而应采用疏密相间、断续结合的方式，以营造自然和谐的景观氛围。针对较小的水面，建议将水生植物的种植面积控制在水面总面积的大约1/3，保留充足的开放水域，以形成迷人的倒影，提升水体的视觉吸引力。

在选择水生植物进行种植时，必须根据实际的环境状况来挑选合适的种类并进行搭配。可以单独种植一种植物，如在大片水域上种植荷花或芦苇，这样既能营造出震撼的视觉景观，又可与农业生产相结合。当然，也可以将多种植物混合种植，但这需要考虑植物的生态习性，同时也要重视其美学效果，确保各植物之间层次分明，共同构成一道美丽的风景线。在选择植物时，要综合考量其外形、高度、姿态、叶子的形状和颜色，以及开花期和花色的搭配，以达到植物间的和谐与对比。例如，将香蒲和慈菇搭配种植，可以展现它们的高低错落和姿态差异，且不会相互影响，便于观赏；而香蒲与荷花同种，由于两者高度相似，可能会造成视觉上的混淆。因此，在混合种植植物时，应充分考虑到植物之间的协调性，以营造出最佳的视觉效果。

为了高效管理水生植物的生长，通常在水域中布置特定设施。其中，构建水生植物种植床是最普遍的做法。最便捷的方法是在池底利用砖石或混凝土打造支撑柱，随后把盆栽水生植物放置于这些柱子上。如果水域较浅，可以直接把植物置于池底，无需设立支撑柱，这种方式适合于水面种植量较少的区域。而对于较大面积的种植，一般会采用耐水材料打造定制的水生植物栽植床，围成特定的种植区域，以此控制植物的生长空间，确保植物有序生长，便于进行管理和养护工作。

在打造规则式水面景观时，常常会利用混凝土制成的栽植台来种植水生植物，栽植台可根据水深的变化分层次布置，或者采用缸栽的方式进行。这种方法可以使水生植物在水面上形成各式各样的图案，犹如打造了一个浮动的花坛。在规则式水景设计上，挑选的水生植物需具备较高的观赏性，比如荷花、睡莲、黄菖蒲和千屈菜等品种。这些植物不仅美化了水面，也提升了水景的艺术魅力和观赏价值。

第四章 风景园林绿化设计及养护管理

第一节 风景园林工程及规划设计

一、风景园林工程解读

（一）风景园林工程的分类

风景园林绿化工程涉及在城市公园绿地及风景名胜区中进行的环保建设活动，主要包括园林建筑工程和绿化施工两大类别，其目标是打造和优化风景园林绿地环境。此类工程在多个方面与土木建筑工程有着相似之处，尤其是在园林中的景观小品和建筑元素上。例如，亭台、回廊、园径、栏杆、景墙、地面铺装、景观桥和河岸等，这些元素在施工中使用的建筑材料，如钢筋、水泥、木材、砂石等，与土木建筑工程所用材料一致。这些材料的应用不仅保障了园林建筑和景观小品的结构稳固和外观美观，也显现了园林工程与土木建筑工程在技术层面的紧密联系。

园林绿化工程涉及两大关键部分：园林土方作业和园林植被种植。园林土方作业是园林建设中的关键步骤，其依据是竖向设计，通过对土方量的精确计算和施工，旨在打造和整治出符合风景园林需求的场地。土方作业按照施工手段的不同，可以分为手工土方施工和机械化土方施工两种。在这一过程中，必须遵循挖掘、运输、填充、夯实等步骤，细致地进行施工组织设计，确保场地满足设计规范。在园林植被种植方面，园林植物的种植技术是核心，它直接关系到植物的生长状况和品质。绿化施工时，需根据植物的生物学属性和特定的环境状况，制定科学合理的种植技术方案，以确保植物健康生长，实现预期的绿化效果。

（二）风景园林工程的特性

虽然园林绿化工程在某些方面与土建工程有着相似之处，但两者之间存在着明显的不同，这些不同点共同塑造了园林绿化工程的独有特色。这些区别不仅表现在工程技术方面，还涉及设计理念、材料选择、施工技巧等众多领域。正是这些独特的属性，赋予了园林绿化工程在打造美观和生态并重环境中无可替代的角色。

1. 公共性

城市园林建设的目标是在城市的各个区域，包括市中心、近郊及远郊地带，打造一个以绿色植被为核心的自然生态系统。这个系统不仅能带来显著的生态效益，还能为市民提供适宜生产、办公、居住及学习的优良环境。通过这种建设方式，城市园林不仅提升了城市的整体美观，还改善了居民的生活品质，实现了生态环境与人文生活的和谐融合。

2. 综合性

现代园林融合了传统园林艺术、城市绿化和广阔的大地景观设计，其内涵横跨工程学、植物学、生态学、城市规划、建筑与设计、绘画以及文学艺术等多个学科。随着社会经济的发展和人民生活水平的提升，人们对环境品质的追求日益提高，对园林绿化的需求也更加多样化。这促使园林绿化工程在规模和内容上持续扩展，所涉及的领域也越来越宽广。高科技手段的运用已深入园林建设的各个层面，如光电技术结合的大型喷泉、新型地面铺装材料、创新的施工技术以及计算机辅助管理等，这些创新技术为园林行业的工作者带来了全新的挑战。要想成功推进园林绿化工程，需要多个部门和行业的紧密协作，确保项目的顺利推进和高质量的成果交付。

3. 艺术性

风景园林的建设，不仅注重其实用性，更强调其艺术美感的营造。在园林景观的设计、植物的搭配及建筑的点缀等方面，都力求达到艺术的极致，以呈现美的享受。然而，在实现某些设计细节的过程中，这些并非易事。这通常需要工程技术人员通过创新工作，把设计的理念和境界完美呈现。比如，假山的堆砌、黄石驳岸的打造、微地形的修饰等，即便是基于同一设计图纸，由于施工人员的技能和经验各异，最终呈现的艺术效果和整体氛围可能会有明显的区别。这进一步凸显了施工人员的专业技能和创新能力在实现设计理念过程中的关键作用。

4. 生态性

在城市生态系统中，园林绿化植物扮演着至关重要的生产者角色。它们不仅具备多种生态服务功能，如净化城市空气、调节小气候、抑制扬尘、抵御风害、降低噪声、缓解热岛效应，还能保护土壤和水体，维护自然景观，为市民营造一个宁静、宜人、美观且有益健康的生活空间。生态园林的理念突破了传统城市绿化的界限，不再局限于公园、风景名胜区及自然保护区的有限范围，而是扩展到包括社会单位绿化、城市周边森林、农田防护林网、桑园、茶园和果园等在内的所有绿色植物群落，共同调节城市生态环境。通过实施城乡一体化的绿化战略，生态园林致力于通过绿化手段改善和提升生态环境，构建一个"点、线、面、网、片"相互交织的生态园林系统。这一战略逐步推进国土治理，实现"大地园林化"的宏伟目标。园林绿化建设因此成为环境工程中一个独立且重要的分支，对于提高城市和乡村的生态环境质量具有深远的影响。

5. 多层次性

在城市化进程中，建筑物密集导致可利用于绿化的地面空间显著减少，这成为提升城市生态环境质量的一大挑战。为了解决这一难题，构建多层次绿化体系被视为一种高效策略。首先，植物选择上应体现多样性原则，即结合使用乔木、灌木、花卉、地被植物及攀援植物，同时兼顾本地物种与引进物种、落叶植物与常绿植物、喜阳植物与耐阴植物，以此构建接近自然状态的复合型植物群落，增强生态系统的稳定性和生物多样性。在规划城市空间布局时，除了常见的地面绿化外，我们还应积极推广垂直绿化、屋顶绿化及窗台绿化等多元化绿化手段，最大限度利用建筑立面打造绿色空间。这种立体的绿化策略不仅能有效扩大城市的整体绿化面积，还能构建起一个连贯的绿色生态网络，从而显著提高单位面积的植被覆盖率及生态服务能力。通过实行多层次的绿化计划，我们能够有效优化城市微气候，净化空气质量，减少噪声污染，并为市民营造一个更加舒适和宜居的生活空间。

（三）风景园林工程的建设

1. 风景园林工程建设的程序

园林绿化建设作为城市基础设施的重要组成部分，通常被划入基本建设的领域，并遵循基本建设的规范流程进行。这一流程严格规定了建设项目在执行过程中的各个阶段和步骤必须遵守的顺序。具体来说，建设项目的实施必须首先进行现场勘察、规划与设计，之后才能进入施工阶段；坚决杜绝勘察、设计与施工同时进行的现象。园林绿化建设的关键流程涉及：对拟建项目进行可行性研究，编制设计任务书，确定建设地点和规模，启动设计工作，提交基本建设计划的审批，完成施工前的准备工作，进行工程施工，以及最终的工程验收环节。

（1）计划

项目计划是对拟建工程进行周密的调研、评估和决策的过程，旨在确定合适的建设地点、项目规模，并编制项目可行性分析报告。它是项目启动的基础和关键指导文件，其中计划任务书是必不可少的。该计划主要涵盖以下要点：项目实施主体、项目属性、项目类别、项目负责人、建设地点、建设依据、建设规模、工程具体内容、建设时长、预计投资、效果评价、合作关系的协调及环境保护措施等。

（2）设计

根据已获审批的计划任务书，地，并制定设计概算。设计文件是工程建设的核心技术文档，对于保障项目顺利进行起着关键作用。在风景园林建设领域，一般采取两阶段设计程序，包括初步设计和施工图设计。对于更为复杂的项目，则可能需要通过三阶段设计，即初步设计、技术设计和施工图设计。无论采用何种设计程序，所有的风景园林工程项目都必须严格依照规定编制项目概算和预算。特别要强调的是，在施工图设计阶段，绝不可随意更改在计划任务书和初步设计阶段已确定的项目性质、规模及概算等核心内容。这样的做法不仅可以确保项目的连贯性与一致性，而且有助于有效控制成本，保障项目能够按照预定的目标和计划成功完成。

（3）施工

建设单位应根据已确定的年度计划，制定详尽的工程项目清单。该清单需提交主管部门进行审核，并向上级机构汇报。完成这些程序后，建设单位应迅速向施工单位移交全部相关文件。施工单位在接到文件后，需开始编制施工图预算并筹备施工组织设计。在施工阶段，施工单位需严格遵循施工图、工程合同和质量标准，强化施工管理，以保证工程品质符合既定要求。通过建设单位与施工单位的密切协作和严谨控制，项目的顺利推进和优质完成将得到有效保障。

（4）验收

工程完成后，应立即组织相关部门及质量检测机构，按照设计规范和施工技术验收标准进行全面的验收工作。同时，要迅速办理竣工验收的各类手续，保障项目能够顺利移交并投入使用。这一过程不仅是对工程是否符合预定设计和技术标准的验证，同时也意味着项目从建设期转入运营期，为后续的维护管理和使用提供了坚实的法律和品质保障。

园林建设施工流程是指在既定的建设项目中，施工阶段必须遵循的一系列有序的操作步骤，这一流程是施工管理的核心指导方针。在施工过程中严格依照这些步骤进行组织和管控，对于保证工程进度顺利进行、提升工程质量、确保施工安全以及有效控制成本等方面发挥着至关重要的作用。遵循施工流程不仅能优化资源分配，还能避免不必要的延误和错误，进而提高整个项目的管理质量和效率。

2. 风景园林工程的招标与投标

招标投标方式，作为一项国际广泛认可且经过实践检验的科学工程承发包机制，在工程建设项目中发挥着重要作用。在这一机制中，建设单位作为项目发包的主体，通过规范的招标流程挑选出最优秀的设计和施工团队；相应地，设计施工单位作为承包主体，通过参与投标竞赛争取到设计和施工的机会。将这种招标投标制度运用到风景园林工程项目之中，目的是达到一系列目标：有效控制工程进度，保障施工品质，减少工程成本，提高经济收益，并促进市场公平竞争机制的发展。这一制度的实施，不仅提升了项目管理效率，而且激发了市场的活力与创新能力。

（1）风景园林工程招标

即招标方通过公开渠道发布待发包项目的详细信息及要求，旨在吸引众多承包商参与竞标。此过程通过竞争性选拔机制，旨在选出技术实力雄厚、信誉优良且报价合理的承包单位。这不仅增强了项目的公开透明度，同时也让招标方能够在众多申请者中优中选优，确保工程项目的顺利、高效及高品质完成。

①风景园林工程招标分类。在风景园林工程领域，招标的类别可以根据多种不同的标准来划分。依据工程项目建设所处的不同阶段，招标可以划分为前期准备、勘察设计及施工三个阶段。遵循工程建设的程序，招标主要分为项目开发、勘察设计及施工三大类别。另外，从与工程建设相关的业务性质角度出发，招标还可以细化为土木工程、勘察设计、材料设备、安装工程、生产工艺技术转让及工程咨询服务等若干具体类型。

②风景园林工程招标项目必须具备的条件。项目预算已获得审批通过，该建设项目已被正式列入国家、相关部委或地方的年度建设规划中。施工场地的征用工作已经圆满完成，实现了"四通一平"（即水、路、电、通信四项基础设施畅通无阻，土地平整）。全部设计文件已准备齐全并顺利通过了审核。此外，项目建设所需资金、关键施工材料及设备均已到位。同时，还获得了政府部门主管单位对工程项目招标的正式批文。这些条件的具备，为项目的顺利开展和推进提供了坚实的保障。

③工程招标方式。国内工程施工招标多采用项目全部工程招标和特殊专业工程招标等方法。在风景园林工程施工招标中，最为常用的是公开招标、邀请招标和议标招标三种方式（表4-1）。

表4-1 工程招标方式

类别	内容
公开招标	这种招标方式通常被称作开放式竞争招标。招标机构通过公开途径发布招标公告，或是在各类媒体平台上刊登相关信息，以此向社会广泛征集承包商参与竞标。任何符合规定资质的承包商均可自由报名参与，参与者的数量不受限制。招标机构不可基于任何理由或形式排斥符合资质要求的投标者。这种方法保障了招标过程的透明性和公正性，为所有符合条件的竞标者提供了均等的竞争机会。
邀请招标	该招标方式通常称作有限竞争性选择招标。在此过程中，招标方会定向邀请那些满足工程项目资质标准并且信誉良好的建筑单位参加投标，而不将招标信息公之于众。此类招标通常会邀请5—10家投标单位，但不能少于3家。这种方法在确保一定程度的竞争的同时，有助于筛选出更适合的承包商，并且能够使招标程序更加高效简洁。
议标招标	这种招标方式通常称作非竞争性招标。其特点是招标方会直接选定一家满足条件的承包商，并通过协商确定合作细节，进而将工程任务交由其完成。这种方法对于小型风景园林工程尤为合适，因为这类项目规模不大，对承包商的挑选余地较为灵活，而且能够简化招标程序，提升工作效率。

（2）园林景观工程项目竞标

园林景观工程项目竞标是指有意愿参与项目建设的投标单位，根据招标方发布的条件和要求，制定一份包含工程成本、施工周期、施工计划以及确保工程质量的具体措施的投标文件。投标单位必须在规定的时间内，向招标方递交投标书，以此表明其愿意按照既定的条款，承担相应的工程建设项目的坚定意愿。

①参与投标的资质条件。投标单位需按照招标公告的要求，向招标机构提交一系列必备文件，包括但不限于以下内容：企业法人营业执照和相应类别的资质证书、公司概况及财务实力说明、公司施工技术能力及机械设备清单、过去三年主导的主要工程项目及质量控制状况、在外地参与投标所需的当地施工承包资质证明，以及公司当前负责的施工项目情况，包括已开工和未开工的项目。

②招标流程。在进行风景园林工程投标时，需遵循一系列规范流程。具体步骤包括：

第一，针对发布的招标公告，深入分析各项目的招标条件，并根据自身实力筛选出合适的投标项目；

第二，在规定期限内提交投标申请，并向招标方提供相关材料；

第三，接受招标方的资质审核。审核通过后，向招标方领取招标文件、设计图纸及其他必要资料；

第四，细致阅读招标文件，并参与项目的现场勘查；

第五，编制投标书，详细阐述施工方案及报价。在规定时间内，将投标书提交给招标方；

第六，进入开标、评标和决标环节；

第七，中标者与招标方签订承包合同。

③进行投标抉择。在参与投标过程中，投标种类可以根据其特性划分为风险型和保险型，而从收益角度则可分为盈利型和保本型。

在性质上，风险型投标是指企业在明知某工程项目难度大、风险高，且在技术、设备和资金等方面存在未解决的问题的情况下，依然出于人力资源的充分利用、项目潜在的巨大利润或对新领域的探索意愿而参与投标，并力图解决这些困难。相对而言，保险型投标是指企业在预见到潜在问题后，已经做好技术、设备和资金等方面的应对措施，再参与投标。从收益角度来看，盈利型投标通常出现在企业熟悉且竞争较少的领域，或建设单位有明确合作意向，以及企业任务饱满且利润较高，愿意承担更大的工作强度。而保本型投标则多出现在企业面临无后续工程或窝工状况，迫切需要中标的情况下，但招标项目并无明显优势，且竞争激烈，此时企业可能会选择保本甚至微利的投标策略。

④在招标会开始之前，应掌握一系列有效的投标策略与进行深入的研究

分析。

在工程项目的早期阶段，例如土方和基础工程，如果预计能顺利回收工程款，可以提高单价以加快资金流转。而对于施工后期，如装饰和电气设备安装等环节，单价可以适当下调。同时，对于预计工程量会增加的项目，单价应适度上浮；反之，若工程量可能减少，单价也应相应减少，这两种情况需综合考虑。在早期工程中，如果对工程量有所疑虑，不应草率提高单价，而应深入分析后决策。如果图纸存在问题或错误，预期修改后工程量将增加，可以提高单价；而对于工程内容不明确的项目，单价应适当降低。对于那些只填报单价而未标明工程量的项目，单价应设置较高，这样既可以维持整体投标报价的稳定性，也能增加盈利空间。对于暂定项目，如果其实施可能性较大，价格可以设定较高；如果预计实施可能性较小，价格则应相对较低。

⑤投标报价的结构要素。

首先，直接费用是指在施工过程中直接对工程实体产生影响的费用，包括人工成本、材料费用、设备使用费、施工机械使用费、其他直接费用以及分包工程的费用等。

其次，间接费用主要关联到施工过程中的组织和管理的开销，涵盖施工管理费用以及其他如临时设施费用、远程工程额外费用等间接成本。

再次，合法利润和税费是指建筑企业在完成施工任务后应获得的利润，以及根据国家规定需计入建筑安装工程造价的营业税、城市建设维护税及教育附加税等。

最后，不可预见费用是基于风险因素分析设定的，通常在投标阶段按工程总成本的3%—5%进行预估。

3. 园林景观工程施工合同

签订园林景观工程施工合同是一项充满挑战的工作，尤其在施工前确立工程承包合同显得尤为关键。施工方与建设方需要建立起稳固的信任和协作关系，同时，双方必须明确自身的权利和责任，这对于保障工程项目顺利推进具有极其重要的意义。

（1）工程承包的具体模式

工程承包的具体方式涉及承包方与委托方之间的经济协作模式。这种模式会根据工程的具体内容和所处的不同环境而存在差异。在目前的风景园林工程领域，常见的承包形式主要有以下几种。

①建设全过程承包：也就是所谓的"统包"或"一揽子承包"，实质上是指一种"交钥匙工程"模式。在这一模式下，承包方负责整个工程项目的全面实施，采用总承包的形式。发包方仅需明确提出工程的具体要求和预期的建设时

长，而其他所有相关事务都由承包方来完成。这种承包方式要求双方进行紧密的合作，同时，施工企业需要具备较强的综合实力、尖端技术及丰富的实践经验。这种方式的最大优点在于，它能够充分利用现有的技术和经验，有效降低投资成本，缩短建设时间，同时保证工程质量。它通常适用于各种大中型建设项目。

②阶段承包：施工承包方式涵盖了不同工作阶段的划分，如可行性研究、勘察设计及工程施工等。在工程施工阶段，根据承包内容的不同，可以将其细分为包工包料、包工部分包料和包工不包料三种形式。包工包料是指承包方负责提供工程施工所需的所有人工和材料，这是最为常见的施工承包模式，一般由具有相应资质等级的施工企业承担。而包工部分包料则意味着承包方仅提供施工所需的全部人工和部分材料，剩余材料由建设单位负责。至于包工不包料这种形式，在多种类型的工程施工中均有应用，承包方仅负责提供劳动力，不涉及材料供应，尤其在风景园林工程领域，这种方式非常适用于临时民工的承包。

③专项承包：指特定建设时期内，针对特定项目实施的独立承包工程，这类工程具备较强的专业性和技术含量，如地质勘查、古建筑结构施工、假山制作、雕刻工艺以及音光控制系统设计等。这些工程通常由掌握相应专业技能的施工单位承担建设任务。

④招标费用包干：在国际工程承包界，一种高效的竞争机制被广泛运用，即通过招标投标的程序进行竞争。中标者将有机会与建设方签订承包合同。这种机制根据不同的竞标重点，衍生出多种包干形式，包括招标费用包干、实际建设费用包干以及施工图预算包干等。

⑤委托包干：也称作协商承包或直接委托，是指业主跳过公开招标环节，直接与承包方进行协商谈判，并签订合同委托其负责某项工程建设的做法。此类方式一般适用于那些拥有优秀信誉和长期合作关系的客户。在风景园林工程建筑领域，协商承包作为一种普遍采用的工程承包形式，较为常见。

⑥分承包：亦称作转包，指的是承包商并非直接与项目业主建立合作关系，而是承接由总承包商分配的工程项目的一部分，可能是土方、混凝土浇筑等分项工程，或者是特定领域的专业工程，如假山、喷泉等。这类承包商需对总承包商负责。在风景园林项目的建设过程中，由于分项工程往往涉及专业性较强的领域，因此采用分包的方式相对较为普遍。

（2）施工承包合同的功能

施工承包合同是根据我国基础设施建设相关法律法规制定的，它是工程建设单位（即发包方）与施工单位（即承包方）之间为确保某一工程项目顺利进行而确立的，一份明确双方权益与责任的协议。在此合同框架下，施工单位承诺在既定的时间限制内，按照规定的质量与数量标准完成施工任务；而建设单位则负责提供必要的技术文件，组织工程验收工作，并按时支付工程款项。施工合同的特点包括计划性强、涵盖范围广、内容繁杂及履行周期较长。合同一旦正式签署，便具备了法律约束力，为双方在工程项目中的权益界定和责任划分提供了明确的准则和法律基础，有助于规范双方的行为。若未签订施工合同，则可能导致施工过程中责任与权益划分不清。此外，施工合同的签订对于加强工程施工管理、促进工程建设有序发展起到了关键作用。在市场经济体系中，合同是维护市场秩序的基石，因此，增强合同意识、推广建设监理制度、执行招标投标制度等做法，对于保障风景园林工程项目建设健康、有序进行极为关键。

（3）签订施工合同应当具备一定的基本条件

该项目已经顺利完成了立项手续，并获得了官方对设计预算的批准，同时也被纳入了当年的国家或地方建设规划目录。

此外，单位年度建设规划中也包含了小型专用绿地的建设。

所有必需的设计文件和技术资料都已完备，建设所需资金、原材料及设备也已全部准备就绪。

对于通过招标投标方式选定的工程项目，中标结果已经对外公布。

施工现场具备了"四通一平"的基础条件，合同的双方均严格依法行事，并具备履行合同条款所需的能力。

二、风景园林规划设计

风景园林规划设计是决策过程的关键环节。在这一阶段，我们需竭尽全力探索最佳方案，旨在达成生态环境、社会效益和经济效益的协调共生。

（一）风景园林规划设计的法规体系

构建完善的法规框架体系是风景园林规划设计管理的核心要素之一。这一体系汇集了众多具有独特职能和特性的法律、法规及规章制度，它们之间不仅具备内在联系，还能产生协同作用。通常，这一体系主要由以下几个关键部分构成。

（1）纵向体系。纵向法律体系是一个包含从国家至地方各级法律规范的完整体系，涵盖了从法律、行政法规到地方性法规，以及国务院部门规章和地方政府规章。这一体系的特征在于，它按照国家各级组织架构设立，确保各级法规文件与之相对应。在构建这一体系时，其基本原则要求下级法规严格遵循上级法律、法规，确保与上级法律、法规的基本精神和具体规定相吻合，不得产生冲突。

（2）横向体系。园林法规体系在横向上由基础性法律（核心法）、辅助性法规（补充法）以及相关的法律法规共同构成。

（3）专业技术规范及标准。在风景园林领域，技术行为规范主要分为专业技术标准和行业规范两大类别，旨在行业内建立统一的标准体系。这些规范通常分为两个级别：国家级和地方级。国家级规范由建设部负责编制，包括了基础性的综合规范、园林规划设计的编制规范，以及针对不同细分领域的规划设计规范。

（4）规划设计的最终产出。规划设计的最终产出包括文字阐述、设计图表和施工绘图等，在经过相应政府机构的审核并获得批准后，它们便成为风景园林建设项目实施的根本参考和遵循的基准。

为确保风景园林规划设计的高品质，除了构建健全的法规框架外，还需密切关注三个核心流程：首先，精确掌握多方面的需求，包括功能定位、整体规划布局、文化审美和资金投入等；其次，精心挑选具备专业素质的设计团队；最后，对设计方案进行严格细致的评估与筛选。另外，为保障规划设计的高品质，需在整个设计流程中贯彻执行严格的质量管理措施。

（二）风景园林规划设计的主要程序

在风景园林规划设计的实践中，深入探究并解决当前存在的问题至关重要，旨在塑造出理想化的环境品质。同时，还需巧妙地平衡设计元素间的互动，妥善处理这些元素与场地之间的关系，并充分考虑到使用者的需求。这一连串的步骤构成了"设计流程"，其核心在于系统性的问题解决，包括对问题的深入研究、创新思维的运用及成果的展示。设计流程助力设计师全面收集和运用与设计相关的各种因素，确保设计方案最大限度地满足预期目标，打造出既优质又高效，达到令人满意的设计成果。这样，风景园林规划设计的任务才得以圆满完成，实现了美学与功能的无缝融合。

在承担风景园林规划设计任务之初，必须进行深入的研究与分析，包括对规划区域现状的细致调查。接下来，转入具体的规划设计阶段，随后进入扩展的初步设计环节。之后，绘制详尽的施工图纸并启动施工过程。工程竣工后，还需对园林进行持续的养护和经营管理。最后，对成果进行全面评价、收集反馈并实施必要的调整（这一环节往往周期较长，有时可能会遭到忽视）。整个规划设计流程必须在严格的管理与监督下推进。

（三）风景园林规划设计的管理内容

风景园林规划设计的管理工作涉及规划设计的全流程，其核心目标是通过有序组织和优化措施，实现项目特殊要求的同时凸显其独特风貌。这一流程要求制定适宜的规划设计方案，并采用科学有效的方法对规划设计流程进行编排，确保时间分配的合理性和质量管理的一致性。在整个规划设计过程中，还需细心维系与委托方的沟通与协作，以保证双方沟通顺畅和互动有效。

风景园林规划设计是一项融合专业技术和创新思维的综合活动，旨在对选定区域进行细致的规划、设计和监督。这个过程秉持着尊重自然、以人为中心的理念，旨在创造一个有益于身心健康、令人心旷神怡的户外空间。设计师通过对土地的深入探究和理解，科学地分析户外空间存在的问题，并制定切实可行的解决方案和措施，同时负责监督设计方案的落实。设计师通过图纸和文字形式，传达他们的设计理念、目标，以及设计的平面布局、视觉特征、材料选择和施工技术等具体细节。

风景园林规划设计内容极为广泛，它不仅需要对自然环境中各类要素进行评估与规划，还要考虑到人类文化元素的塑造。该设计范围可以精细到对景观构成要素的环境细节进行创新性的设计与施工。依据工作范围的区别，风景园林规划设计可以分为宏观、中观和微观三个不同的层次。

1. 风景园林规划设计的质量管理

风景园林规划设计的质量管理包含两个关键层面，分别是"外部控制"与"内部控制"。

（1）"外部控制"

"外部控制"主要涵盖三个核心步骤：起初是明确具体需求，包括功能性和总体架构等方面；其次是精心挑选合适的设计人才；最终是对规划设计的方案进行细致评估与筛选。这三个步骤不仅与园林项目的具体要求紧密相关，也受到项目规模及资金预算的制约。在大型项目中，若资金充足，一般会采取公开招投标的方式来选定设计团队，并邀请专家团队进行严格评审。此外，有时还会公开征求社会公众的意见，并利用公示的方式让大众参与评价过程，以此综合各方意见来敲定规划设计方案。相对而言，小型风景园林的建设流程则较为简化。

（2）"内部控制"

"内部控制"主要关注设计单位在内部对规划与设计方案的质量及进度进行高效管理。设计单位承接设计项目后，一般会成立一支专业的项目团队，并实施项目负责人制度以进行管理。项目负责人担任核心角色，主导项目的进度监控和质量保证。在规模较大的设计单位，通常会成立技术指导小组（或委员会）以辅助监督项目的质量和进度。同时，杰出的设计单位会建立完善的质量管理体系，并结合自身特点制定相应的内部管理制度，以保障设计工作的顺利进行。

在整个规划设计流程中，必须对各个关键环节施加严格的监督与管理。自项目启动之时起，包括合同签订、资料收集、现场踏勘、草案编制、意见交流、方案调整、汇报研讨、方案确立、初步设计的深化、施工图的详尽绘制、施工前的技术交底，以及现场问题应对等各个步骤，均需对质量和时间进行精准控制，确保规划设计工作的连贯性与条理性。若实际状况发生变化，应立即对设计方案和实施计划进行调整，以适应新的变动需求。

2. 风景园林规划设计的数量管理

风景园林规划设计中的数量管理主要涵盖调度、定额及进度等方面。

（1）调度

为了提高生产效率，关键在于在限定时间内将土地、设备、人力、原料及后勤支持集中于一个地点，确保调度任务得以顺利完成。这一步骤对于提升时空整合度至关重要。调度任务的核心是根据既定目标，合理分配和定位人力资源、物资和财力，同时协调各种活动及其成果在时间上的安排。在风景园林规划设计领域，涉及选定项目团队，需为其提供必要的计算机、文具等工具，供应相关资料、资金和交通设施，确保后勤服务如文印等，同时协调其他部门对项目团队给予支持，并合理安排项目团队内部的分工与调度。

（2）定额

为了有效执行调度计划、组织生产活动和评估成本，必须采取预算管理和定额控制措施。在风景园林规划设计行业中，虽然这些控制手段的应用不如其他行业普遍，但其核心目的是减少不必要的资源浪费，确保资源使用的合理性。对于具体项目来说，应该遵循投资控制的基本原则，精心编制项目的概算和预算，以及确定相应的经济技术指标。这样做不仅有助于指导项目的财务管理，还能有效控制成本，确保项目既经济又高效地推进。

（3）进度

合同的进度计划通常需要在事先确定，并且必须严格遵守，以防进度延误。然而，在执行过程中，外部环境的变化往往会导致进度出现偏差。因此，我们必须对实际进度进行高效管理，并依据实时情况做出相应调整，以确保能够适应新的需求。

第二节　风景园林绿地管理及安全设计

一、风景园林绿地管理

（一）风景园林绿地的养护管理

城市园林绿化的养护与管理，核心在于对建成绿地的有效保养与管理。这一流程专注于对城市园林绿地进行持续的保养和维护，涵盖了明确养护责任主体、制定具体的养护规范，以及采取必要的保护措施。

1. 风景园林绿地养护的责任主体

在城市环境中，各类绿地的养护与管理责任分配各有归属：公共公园及绿

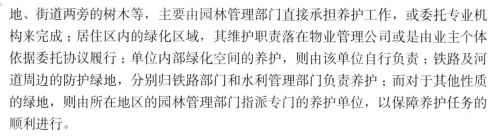

地、街道两旁的树木等，主要由园林管理部门直接承担养护工作，或委托专业机构来完成；居住区内的绿化区域，其维护职责落在物业管理公司或是由业主个体依据委托协议履行；单位内部绿化空间的养护，则由该单位自行负责；铁路及河道周边的防护绿地，分别归铁路部门和水利管理部门负责养护；而对于其他性质的绿地，则由所在地区的园林管理部门指派专门的养护单位，以保障养护任务的顺利进行。

2. 具体的风景园林绿地养护标准

在进行公园绿地和行道树的养护作业时，养护单位需严格遵循国家和地方的技术规范。如养护项目资金来源于国有，则必须通过公开招标的方式来选定养护单位。养护单位需根据树木的具体生长状况，依照国家及地方的树木修剪技术标准，进行定期的修剪与维护工作。当居住区的树木影响居民采光、通风或居住安全，且居民提出修剪申请时，养护单位应依法及时响应并执行修剪任务。此外，园林绿化管理部门需构建绿化有害生物疫情的监测预警体系，制定应对突发灾害的预案，以强化有害生物预警和预防控制机制。

3. 关键性的风景园林绿地维护策略

（1）私自移植或砍伐树木是明令禁止的行为。然而，在城市建设的过程中，若出于必要，或树木对居民的日照、通风及居住安全产生了严重影响，移植树木便显得尤为重要。在这种情况下，建设、养护单位或业主需向绿化管理部门提交详细的移植申请，包括树木的种类、数量、尺寸、位置以及所有权人的意见等信息，并需附上移植计划及技术措施。移植工程应由具备相应施工资质的单位负责，且必须遵循树木生长适宜期的移植技术规范。若移植后的树木在一年内未能存活，建设、养护单位则需补植同等数量的树木。

当树木对人们的生命安全或其他设施构成潜在风险，严重干扰居民的采光、通风及居住安全，或者出现需检疫的病虫害而没有迁移的必要时，负责养护的单位必须向园林管理部门提交砍伐的申请。该申请报告需详细说明计划砍伐的树木种类、数量、尺寸、确切位置，以及树木所有权人的立场，并须附带树木补植计划或者相应的补偿措施。

（2）为了提高风景园林绿化管理与养护的监管效率，必须加强对园林建设和维护过程的监督力度。严格禁止任何未经许可的破坏、盗窃或践踏园林中的树木和花卉行为；同时，严禁将树木作为支撑物或在其上悬挂广告牌。此外，坚决禁止在树木周围及绿地中丢弃垃圾、排放有害废水、堆放杂物或进行挖土、焚烧等活动。未经园林管理部门批准，禁止在绿地内设立广告或建造任何形式的建筑。对于破坏园林景观和设施的行为，应迅速采取行动，及时处理投诉与举报。如城市建设项目需临时占用公园绿地，使用者需向园林管理部门提出申请并取得许可。在临时使用期间，使用者还需向管理部门缴纳临时使用补偿费，这部分费用将上缴至相应级别财政部门，并专项用于风景园林的建设、维护和管理。

（二）实施风景园林绿地的规范化管理

随着我国城市化进程的不断推进和园林绿化工作的不断深化，城市风景园林绿化的标准化建设变得尤为关键。在风景园林行业中，标准化体现在将经济、技术、科学和管理等多个领域的有效经验和理念，通过制定、发布并执行一系列规范，以形成统一的行业标准。这些标准在生产和实践中得到加强和推广，有助于组织生产、引领产业发展及提升生产效率。风景园林标准化的核心要素涵盖了规划与设计、建设与施工、设施与设备、材料与产品、管理与养护以及绿化信息化等多个方面。

我国的风景园林标准化建设目前正处于初步阶段，面临着不少挑战。诸如行业规范尚未完善，许多核心标准亟待确立；现行标准之间缺少有效的协调与整合；行业内普遍存在非标准化设施和行为；以及与国际标准接轨的进程相对缓慢等问题。这些现状已不符合我国风景园林行业新时代的发展需求。因此，为了促进风景园林建设与管理向科学化、高效化转型，我们亟须在参考国际先进的风景园林标准化成果的基础上，进一步优化和提升我国的风景园林标准体系。

1.绿化标准化的主要内容

（1）构建风景园林标准化体系

基于标准体系之间的内在联系特点以及风景园林行业的特定要求，风景园林标准体系打造了一个立体的架构，该架构由专业分类、专业等级和层次三个维度构成。

①专业分类标准。专业门类标准与风景园林政府职能和施政领域密切相关，反映了风景园林行业的主要对象、作用和目标，体现了风景园林行业的特色。它主要分为四大类：一是风景园林综合类：涵盖综合性或难以归入其他类别的技术标准。二是城市绿地系统类：包括涉及城市绿地系统、小城镇绿地系统等方面的标准。三是风景资源和自然文化遗产类：涉及风景名胜区、森林公园、自然保护区、地质公园、水利风景区及自然文化遗产等方面的标准。四是大地景观与环境类：涉及大尺度的土地利用、资源利用、生态管理、环境保护、生态系统保护及信息交通系统等方面的标准。

②专业等级规范。专业等级规范旨在实现预定的专业目标，涵盖工程项目从前期策划、执行、监控到后期保养维护的完整流程。它涉及材料、产品、设施设备、信息系统等关键领域，体现了我国国民经济领域的共性特征。这些专业标准主要分为综合技术与具体规范两大类别，并进一步细化为多个子序列标准。

③层次标准。指特定领域中具有相似属性的一系列标准集合，它们之间有着

紧密的内在联系。在这一体系中，上下层次之间呈现出标准的主导与从属关系。高层次标准是对低层次标准的提炼与提升，并对低层次标准产生制约作用；而低层次标准则是对高层次标准的具体化和补充，需遵循高层次标准的规定，不得与之冲突。层次的高低反映了标准在特定范围内的普适性程度及其应用范围的广泛性。层次标准主要分为基础标准、通用标准和专用标准三个级别（表4-2）。

表4-2 层次标准

类别	内容
基础标准层次	基础标准是本体系的核心层级，它们具备广泛的适用性或涉及特定行业的通用规范。在风景园林领域，这些标准作为其他标准制定的基石，被广泛接受和使用。它们涵盖了术语、符号、计量单位、图形、模数、基本分类和基本原则等方面，具有普遍的指导意义。例如，园林基础术语、花卉相关术语，以及风景园林图例图示等标准。
通用标准层次	在标准化体系的层级结构中，通用标准位于第二层级，它们是在特定领域和范围内被广泛采用的标准。这类标准提炼自众多具体标准的共性要素，针对一系列标准化对象进行统一制定，因而拥有较宽泛的应用领域。通用标准不仅为制定特定标准提供了基础，而且涵盖了安全、健康、环保等领域的普遍要求，以及质量、设计、施工、测试方法等领域的通用规则，同时也包含了管理技术方面的普遍指导原则。
专用标准层次	作为标准体系表中的第三层级，专用标准受制于基础标准和通用标准，其制定旨在对特定标准化对象进行精准规范，或对通用标准进行深化与扩展。专用标准的适用领域相对狭窄，主要涉及园林工程从勘察、规划、设计、施工到质量验收全过程的详细要求与执行方法，特定地区的安全生产、卫生防护和环境保护的规定，以及特定实验的操作流程、特定产品的应用技术和监督管理技术等方面。在标准体系表中，专用标准占据了主导地位，数量上占据了绝大多数。

（2）园林景观标准化体系所面临的挑战

①当前的城市园林绿化标准体系结构存在明显的不足，未能全面覆盖这一领域的所有关键要素。园林绿化的内涵不仅包括植物的培育、种植及养护管理，还应涵盖土壤与绿化环境的筛选和保养、绿化工程的标准化执行，以及公园等级的评定等多个方面。现行标准体系在涉及风景园林行业当前及未来发展的核心专业领域方面存在缺失，导致其难以准确地呈现行业的整体架构和独特性。尤其是在古典园林的保护、城市绿地系统的规划、各类风景资源的维护（包括文化遗产、自然遗产、风景名胜区、森林公园、自然保护区、地质公园、水利风景区等），以及生态区域的构建（例如绿色通道、防护林带、大型绿化项目、生态示范区等）等方面，现行的标准体系并未提供充分的关注和深入的研究。

②当前，在标准制定领域存在一定的系统性和协同性问题。现有的标准体系未能全面涵盖园林绿化工作的各个环节，如规划、勘察、设计、施工，以及管理、保养等方面，对绿化工程全过程的监管不够到位。大多数标准主要集中在规划和设计阶段，而对于项目启动前的勘察工作、土壤和水质的标准制定，以及工

程完成后的质量、安全与维护标准，则涉及较少。同时，由于标准管理的责任划分不明确，各类标准之间缺乏有效衔接，内容上缺少必要的协调和一致性，有些地方甚至出现了标准内容上的重复或冲突。

③现行标准内容尚显不足，技术深度亟须增强。在现行标准制定过程中，虽然对宏观调控技术给予了高度重视，并覆盖了众多领域，但这些标准往往侧重于定性阐述，缺乏针对性的控制细节和微观层面的量化标准。同时，从设计、施工到养护的整个工程周期，还未形成一套系统化、相互衔接的技术规范体系，以及明确的质量控制要求。

④当前，在我国园林绿化领域，行业标准认知不足的现象较为普遍。大部分从业者倾向于依赖个人经验，而非遵循专业标准进行操作。与关乎人身安全的建筑施工行业相比，园林绿化行业的标准化进程显然没有得到足够的重视。从城市建设的视角来看，标准化理念尚未在风景园林行业得到广泛的认可和接纳。

2. 实施标准化管理的具体策略

（1）强化部门的监管作用至关重要。在标准化管理范畴内，政府承担的核心任务在于保证对标准化机构的监管有力有效，确保标准化过程及其规范的公平性与适当性。通过逐步将标准化管理的职责移交给社会中介组织，并将与技术标准相关的议题开放给各利益相关方共同商议解决，可以有效防止标准成为保护部门利益的工具。同时，此举也有助于解决标准体系中现存的重复与交叉问题。

（2）充分发挥风景园林行业协会和学会的引领作用。依托相关主管部门与行业组织、学会的协作，迅速成立"全国风景园林标准化技术委员会"，专注于标准化事务的集中管理。该委员会还承担着协调不同部门和专业领域在标准制定过程中出现的重叠和交叉问题，确保标准体系的统一性、连贯性与完整性。民间标准化机构作为标准制定体系的关键部分，其宗旨在于服务企业及行业的成长。这些机构在为政府提供专业技术服务的同时，也辅助政府实现特定职能，成为连接政府与企业的桥梁，促进健康的市场竞争格局的形成。技术标准是民间标准化机构履行职责的核心工具，反映了市场的根本需求。它们能够及时响应市场变化，在标准制定和更新中体现这种动态。此外，国家标准化管理部门可通过授权或委托的方式，让民间标准化机构参与标准的制定和更新工作，或将其标准纳入国家体系，从而确保国家标准能够紧跟市场发展，与市场经济的需求保持同步。

（3）提升标准化体系的技术水平。我们必须加大对标准化研究的资金和人力投入，强化基础性标准的制定工作。在园林科技研究领域，应加大对定量分析方法的运用力度。只有确立明确的量化评估指标，绿化项目建设和维护的质量才能得到科学且公正的评估，园林质量检验才能拥有可靠的基准，质量管理才能真正得以加强。同时，我们应积极吸收国内外前沿技术、工艺和材料，以丰富标准的技术内涵。全面实施园林产品从生产前、生产过程到产后环节的标准化生产和管理体系，这将有助于提升园林产品的质量和科技含量，增强其在国际市场的竞争实力。

（4）维护标准体系的领先性和实用性极为关键。优化标准制定与更新的流程是保障标准体系质量的关键环节，它决定了标准体系的结构合理性和内容适宜性。在构建这一体系时，我们必须综合考虑园林绿化行业未来的发展方向，将核心技术和关键要素纳入标准体系之中。同时，由于行业技术标准的更新速度不断加快，我们采纳动态管理和快速响应的策略来维护标准体系，保障体系中各项标准的时效性、更新替代、采纳及引用等特性能够实时更新与调整，从而确保标准体系始终保持领先。另外，我们还建立了多元化的标准信息反馈途径，以便实时了解市场对标准的需求，进而提升标准体系的市场契合度。

（5）建立园林绿化的信息化标准体系至关重要。随着科技的进步和设备的迭代升级，遥感等先进技术在园林绿化的信息研究与管理领域已广泛应用。我们应积极推动风景园林绿化信息系统的构建，实施涵盖全生命周期的信息化管理策略，以降低运营成本、提升工程质量与效率，进而增强园林产业在市场竞争中的实力。

（6）推动园林标准化策略的宣传与实施极为关键。制定标准的目的是推动其广泛运用，引领科学研究、生产制造及管理操作的进步。我们必须拓宽园林标准化知识的传播范围，让其深入行业的每个角落，增强公众对标准化意义的理解，同时阐明行业标准与行业发展之间的密切关系，引导人们主动遵循相应的技术规程和标准。

（三）风景园林绿地管理的内容

1. 公园管理

公园管理涉及在特定空间内，管理机构对人际、人与自然，以及人与社会多重关系的协调工作，旨在打造一个人与自然和谐共处、适宜人们活动的环境。伴随社会的发展，公园管理也在不断地优化与提升。这一管理活动不仅受到经济与社会因素的制约，也受到公众文化水平和管理者能力的影响。为了推进公园管理的科学化进程，降低粗放型及经验主义管理方式可能对公园造成的负面影响，我们需致力于打造和谐公园，以此助力和谐社会的构建。

（1）公园管理的理论体系主要涉及生态园林理论、城市大园林理论、价值评价理论，以及激发游客需求的动力理论等多个领域。

①生态园林理论

第一，生态园林的由来。随着全球化的快速发展和城市化水平的不断提高，环境污染与生态破坏的现象日益加剧，给人类的生存与发展带来了严峻考验。面对这样的挑战，优化生态环境、提升生活品质已成为社会各阶层共同关心和深入探讨的核心议题。在这样的社会需求推动下，"生态环境""生态建设""生态城市""生态园林"及"生态设计"等与生态修复和保护密切相关的概念，正逐步融入人们日常生活语言之中。

第二，生态园林设计理念汲取了生态学的核心原理，包括竞争规律、共生法则、生态位理论、植物间的相互抑制现象以及植物种群生态学概念。这种设计理念在继承传统园林艺术精华的基础上，进一步深化和创新，严格基于生态学原理，构建了一个多层次、多样化的结构、功能完备的植物共同体。生态园林的目标是重塑人与自然、动物与植物之间的和谐共生关系，追求生态平衡的美丽、科学的韵律、文化的精神与艺术的魅力。在这一设计中，生态园林以经济学的原则为导航，综合考虑直接和间接的经济收益，采用系统工程的方法推动园林建设，努力达成生态效益、社会效益和经济利益的和谐发展，打造一个持续改善的良性循环系统，为人类创造一个清新、美丽、文明的生态环境。

②城市大园林理论

大型城市园林体现了将古典与现代园林艺术相结合的创新理念，这一理念随着社会的不断进步而诞生。其核心要义在于，通过巧妙的人工设计，营造一种接近自然、适合人类居住的生态空间，旨在实现园林化的区域发展。我们应当全力以赴投入到这一宏伟的建设任务中，促进大型园林的持续健康发展，以满足人民对于更高品质生活环境的追求。

城市大园林理论的核心作用在于优化城市生态环境，增强生物多样性的保护；将美化居民的生活空间和城市外观作为关键目标；满足人民日益增长的精神文化和休闲需求，提供独特的文化体验；通过在城郊地区开发大型园林项目，帮助农民转变农业产业结构，促进经济增收，逐步缩小城乡之间的差异；同时，这些园林还应具备灾害避难的功能；确保城市资源的可持续利用。这六大功能显示，城市大园林的概念完全符合当前社会的发展需求。在实施城市大园林理念的过程中，应当遵循按需建设、因地制宜、逐步实施的原则，既保留城市传统园林的美学特色，又加入现代设计理念，使其更好地适应时代的进步。

在北京长期的园林建设实践中，逐渐形成了以城市大园林为核心的理念，这一理念深刻反映了我国园林产业发展的内在规律性。多年的绿化美化工程实践进一步巩固了我们的信心：将园林建设融入国家行政管理框架，实施以城市为单位的高度集中领导、整体规划与协调管理，以及统一实施，是推动城市大园林目标实现的关键组织保障。这种方法不仅提高了城市大园林建设的效率与便捷性，也证实了城市大园林建设与我国国情紧密相连，是一项符合国情的战略选择。

③价值评价理论

游览参观点是指集自然美景、人文历史和社会文化特色于一体的公共场所，供大众参观和欣赏。这类场所包括公园、著名山水、博物馆、展览馆及众多纪念地等。

游览参观点的价值体现在其实用性上，而这种实用性源自人们对它的深入认识。其价值评估应基于它在特定时期的效应与影响。在一定的时期内，这种价值具有关键性，然而在市场上，其价值却可能呈现波动状态。门票价格往往反映了该时期内游览参观点的价值水平。评估游览参观点的价值是一项挑战性的任务，需要在不断变化的背景下进行全面考量，既要考虑其内在价值的主观判断，也要关注市场对其价值的客观评价。构建以"游客数量"为核心的三维评价模型，可以更全面地揭示游览参观点的价值。在市场经济体制下，随着游览参观点数量的增加和质量的提高，竞争愈发激烈，游客的选择也更加丰富。游览参观点的市场份额或游客数量已成为衡量其繁荣程度的核心指标，体现了其价值的客观认可，成为评价其价值的重要依据。

游览参观点的性质、功能和类型各具特色，规模与内涵也大相径庭，这使得运用专家评审的方式在全面准确评估各个景点的价值方面面临挑战。即便采纳量化手段对景点进行量化评分，评价者的主观倾向和局限同样可能对评价结果的公正性产生影响。实际上，游览参观点的价值主要体现在社会认可度上。一个景点的价值高低，在很大程度上取决于社会的认同程度。通常，社会认可度越高，其实际价值也相应较大。权威机构的认证和认可成为社会认可的重要体现，象征着对游览参观点价值的客观肯定。游览参观点的参与者，即业内专家，可以依托其特有的社会角色，从理论与实践、宏观与微观等多个维度对景点的价值进行细致的分析和评判。

④游客需求动力理论

我国经济社会发展的核心宗旨在于满足人们日益增长的物质和文化需求。随着时代的演进、社会的持续进步和生活品质的提升，游客的需求也在逐渐演变。这些需求对公园的建设、管理以及服务质量的提升产生了积极影响，成为推动公园发展的重要动力。我们可以把游客的需求划分为启动动力和持续动力两种，启动动力是激发游客游园意愿的关键因素，而持续动力则是推动公园在建设、管理和服务等方面不断进步的驱动力。

公园的建设与管理着重于满足游客多样化的需求。管理者需持续探究并把握游客需求的演变，密切关注他们的合理要求，并竭力实现游客的基本需求。尤其要顺应时代发展，借鉴国际经验，追求高标准的服务。经过众多实例和调研分析，游客需求呈现出多维度特征，包括显性与隐性需求、主要与普遍需求、集体与个人需求、一般与特殊需求，以及合理与非合理需求等。

（2）公园管理的关键原则。为了科学化与规范化我国城市绿地的保护、规划、建设及管理，我们根据其核心功能将其划分为五大类别，包括公园绿地、生产绿地、防护绿地、附属绿地及其他类型的绿地。

①城市公园绿地管理的重要性。城市中的公园绿地犹如点缀其中的翡翠宝石，它们不仅为市民和游客提供了一个理想的休闲、娱乐和文化体验场所，更是推动城市经济繁荣和旅游业兴旺的重要基石。这些充满活力的绿色空间不仅体现了城市的独特韵味和深厚的文化内涵，也映射出城市独特的风貌与魅力。因此，对公园绿地的科学规划与精心养护管理，成为城市基础设施建设的核心任务。只有经过细心的呵护，这些绿色空间才能最大限度地发挥其生态效益和社会功能，有效充当城市的绿肺，为构建社会主义和谐社会贡献不可或缺的力量。

城市公园绿地作为城市发展的关键要素，既构成了城市的魅力所在，又是连接自然与城市的生态纽带。这些绿色的休憩场所不仅柔化了城市的硬质建筑线条，为城市注入了斑斓的色彩，缓解了人们的视觉疲劳，还能有效减轻城市的热岛现象。强化城市公园绿地的建设，不仅对改善城市生态环境质量至关重要，也体现了社会主义生态文明建设的成就。这一措施对于提高居民的生活环境、增进城市整体环境品质，具有深远的现实价值和长远影响。

②随着经济的发展和社会的繁荣，构建和优化城市公园绿地的长效管理机制变得至关重要。这不仅能提高公园绿地的管理和服务质量，还能更好地回应市民和游客日益提升的精神文化需求。因此，各级政府应深刻理解公园绿地建设与管理的重要意义，积极出台支持政策。国家层面的法律法规为公园绿地的建设与管理提供了坚实的法律支撑，确保了这些绿色区域能够得到有效的保护和科学的利用。

第一，公益性的财政政策。公园绿地作为公益性质的城市基础设施，是改善城市生态环境的关键举措。因此，各级政府应将公园的建设纳入国民经济和社会发展规划中，并设立专门的资金，确保公园绿地的维护和管理所需的经费。同时，政府还可以通过接受捐赠、资助及社会集资等多种方式，拓宽公园绿地建设、养护和管理的资金来源。

第二，必须执行的土地政策。在城市发展规划中，一旦公园绿地的用途和范围被确定，任何组织或个人均不得擅自更改其用途或侵占其用地。必须明确划分公园绿地的界限，并通过法律途径保障其土地使用权益。若确实需要调整现有公园绿地的用地性质，必须先获得城市绿化管理机构的审核批准，并上报市政府进行最终审批。同时，还需在周边区域提供与调整面积相等的公园建设用地作为补偿。

第三，以植物景观构建为核心的技术策略。公园管理者需坚决维护不减少绿地面积的原则，并且各类用地所占的比例必须严格遵照国家的相关规范执行。

第四，官方审批制度具有权威性。新建、改建或扩建公园绿地项目，必须严格遵循法定程序进行申报和审批。在项目的规划、计划以及设计阶段，必须取得上级主管部门的审核批准，才能予以实施。

③公园绿地的科学管理原则主要包括以下几点。

第一，公益性原则。当前，我国公园绿地建设体系呈现出多样化的发展态势。有的公园是由私营企业家依托房地产开发项目所建设的，有的则是通过多元经济主体共同出资打造的。同时，还有一些是农村乡镇利用集体土地自行建设的公园。

第二，以人为本原则。公园的建设与管理必须贯彻以民为本的原则。首先，公园应致力于打造和谐而美丽的自然环境，将大自然的魅力与人文精神有机结合，通过精心的规划与设计，为人民营造一个宜居宜休的舒适去处，其核心目的是为广大民众提供服务。其次，公园应配备完善的休闲娱乐设施，以满足公众多元化的娱乐需求，彰显对民众的关怀与尊重。最后，公园应对全体市民开放，确保每位市民都能公平享受到绿色福利。

第三，三大效益原则。公园的宗旨在于加强生态文明建设，尤其在城市化程度较高的地区，公园更要发挥其作用，维护生态平衡，保障生态安全，提升生态环境质量，从而优化市民的居住条件和提高生活质量。在对公园进行建设与管理时，我们应当把环境效益放在首位，以社会效益为宗旨，以经济效益为支撑，推动形成可持续的发展模式。公园的经济效益应依托于宏观循环系统，其创造的价值应回馈社会，而政府也应通过投入必要的建设与管理资金，确保公园事业持续发展。公园的建设与管理需与时俱进，适应市场经济的需求，逐步实现社会化运营，力求以最少的资源投入实现最大的效益。此外，公园的建设与管理还应注重景观的规划、设计与创新，通过营造生态环境、美化环境风貌、打造文化氛围，融入历史、现代和健康的文化元素，为大众提供审美和文化享受。生态、景观和文化这三者相辅相成，构成了一个不可分割的有机整体，忽视其中任何一个都是错误的。

第四，科技兴园原则。科技是推动社会进步的重要引擎，在公园的建设与管理过程中同样占据着极其重要的位置。从植物的培养、新物种的筛选，到病虫害的防治、环境保护、质量监管，再到生态安全的保障，科技都发挥着不可或缺的作用。因此，我们必须加强科技人才的培养，增加科技资金的投入，充分发挥科技作为第一生产力的核心职能。

第五，精品原则。打造公园高端项目，既是对公园领域专业水准的深度追求，也是对职业道德的坚持与展现。为实现此目标，我们需遵循以下三个基本原则：首先，规划设计要力求卓越，融合中国传统园林艺术精华与现代气息，根据各地特色采用恰当的设计方法，达到生态环境、景观效果与文化价值的和谐统一，创造出经典作品。其次，建设过程中要注重品质第一，从每一株植物、每一块建筑材料到每一处景点，都要按照设计方案精心施工，将图纸上的设想变为生动的景观。最后，在管理方面追求高品质，管理不仅是规划和建设的延伸，更应是一个持续创新的过程，应致力于建设和谐的公园环境，关注各个细节，力求达到极致的完美。

第六，节约原则。在进行公园建设过程中，我们秉持节约型原则，力求营造一个绿色且环保的自然生态。在植被配置上，我们遵循节约理念，优先选择栽种树木，尽量缩减草皮铺设的面积；我们更偏向于选用多年生花卉，而非大量使用盆栽花卉；同时，我们努力保持自然草地状态，减少冷季型草坪的种植面积。这些做法有助于保持生态平衡，并且能够有效减少维护成本。在公园设施的设计与施工上，我们追求实用、经济、美观以及风格协调统一，杜绝不必要的奢华装饰。公园内道路和广场的设计采用保留原始土地或铺设透气性良好的砖块，这样既节约了成本，又符合环保理念。另外，我们还重视提升公园节水及雨水收集系统的效率，推广节水灌溉技术如滴灌、喷灌等，以此节约珍贵的水资源，并最大化利用收集的雨水进行绿化灌溉和消防作业。

第七，网络和系统原则。在筹划公园发展蓝图时，我们必须立足于本地区和城市的具体实际，严格遵照城市总体发展规划的指导思想。注重生态环境的维护和生态安全，我们应当逐步构建起一系列规模各异、风格独特的公园绿地。这样的做法将使我们能够形成一个涵盖大型、中型及小型公园，彼此互联互享的系统化绿色网络。这一策略不仅能够有效缓解城市的社会冲突，还能优化城市空间布局，推动城市向着可持续发展的宏伟目标稳健迈进。

（3）构建公园管理的内容框架。公园管理是一项涉及众多领域的复杂系统工程，其内容涵盖多个层面的相互关联事务。核心职责是促进公园的持续发展，并向公众提供高标准的优质服务。

①公园管理呈现明显的层次结构。在垂直管理体系下，公园的管理职责可细分为宏观、中观和微观三个级别。这三个级别紧密相扣，共同构筑了一个严密的管理网络，它们之间互相依存，组成了一个不可分割的有机整体。

国家层面的宏观管理构成了顶层设计的核心，肩负着从战略和政策层面引导和规范政府行为的重要任务。在这一层面，宏观管理的职责主要涵盖制定相关法律法规和行业标准，策划并推动公园行业的政策落实，以及开展理论研究和行业指导工作。我国通过发布和实施多项公园管理政策和法规，有效地推动了公园行业的健康发展，确保了其发展方向、性质与任务的正确性。在把握整体大局的同时，宏观管理还需具备灵活性，以法律法规为约束，以政策为引领，致力于提高公园的数量和质量，为公园事业的稳固发展和持续壮大奠定坚实基础。

中观管理方面是省（市）自治区级的层面，它保证国家法律法规的执行和贯彻，制定地方性法律法规、标准规范，制定促进发展的政策，抓规划这个龙头，抓公园的宏观控制，抓基础建设，抓公园行业的监督检查工作，负责本行政区域内的公园行业工作。中观管理要发挥桥梁和中坚作用，根据本地区的实际情况，创造性地工作，同时发挥基层的积极性。

公园的日常运作依赖于细致入微的基础管理水平，其范畴涉及植物绿化与生态维护、园区整洁与卫生保持、游客接待与服务的优化、设施和设备的妥善保养、安全秩序的稳固维护以及综合管理等关键职能。这一层面是公园管理的基石，重点执行六大核心任务：确保绿化与生态的持续保护、维持园容与卫生的标准化、不断提升经营服务水平、实施设施与设备的精细化管理、保障安全秩序的稳定，以及加强基础管理的全面性。作为公园管理工作的核心，微观管理既是一项繁重又极为细致的工作。管理者需培养自律性、追求自我提升和发展，以实现工作的极致完善，致力于达到无懈可击的管理境界。

②为了让公园绿地更好地承载多样化功能，管理工作需秉承以民为本的理念，彰显公园作为公共福利事业的基本特性，始终关注游客需求，全力以赴为游客提供便利服务，确保满足游客的合理期望。

公园绿地的保养与管理包括日常维护、突发事件的紧急处置，并需构建一套标准化的管理体系。

A. 日常养护管理

第一，园艺维护。公园作为自然植物景观的集合体，其建设与维护应严格遵循植物生长的自然规律。园内植被需要持续地关照与养护，以保证其健康成长，同时满足园景美化的需求。园艺布局的优化和提升是一个逐步推进的过程，唯有通过长期的精心管理与调整，才能逐渐达到园艺设计的初衷。园艺保养工作涵盖调整植物布局、适度修剪、花卉的繁衍与更新、浇水、施肥、土壤改良及防治病虫害等多个环节。

第二，设备保养与安全监管。保障服务设备的高效运作是提供卓越服务的基础。我们应将服务设备的常规保养和及时维修置于核心位置，持续不断地执行维修任务，秉承"以维修为先"的理念，转变过去那种重视设备安装而忽略维护的观念。设备保养不仅涵盖水、电、气等基础设施的维护，还包括对建筑本体及外观的周期性维护与翻新，服务设施的常规检查与维护，以及机械设备的日常护理。确保游客安全是我们的首要职责，我们需要对每个细节都给予细致周到的关注，坚定不移地执行安全措施，严格遵守安全管理规范和制度，并持续进行安全检查和监督活动。

第三，维持清洁卫生的环境。构建全方位的卫生管理体系，明确划分各岗位的卫生管理职责，成立专业的卫生管理部门并聘请具有相关专业背景的管理人才。该部门主要负责园区的日常保洁与维护工作，实施垃圾分类与妥善处理，确保洗手间的清洁与正常运行，维护下水道的通畅，同时负责公共设施如标识牌、座椅等的日常清洁与维护工作。

第四，商业服务类设施的管理工作。公园为迎合游客需求，须配置适当的商业服务设施。这些设施须严格依照公园的整体规划布置，与公园的职能、规模及景观风貌保持和谐统一，并须得到绿化主管部门的审核批准。在设立过程中，应确保不对自然景观造成损害，同时也要保障游客的游览体验。商业和服务网点的位置应根据总体规划进行科学布局。在规模和形态方面，应采取统一规划与建设的原则。涉及餐饮、零售、娱乐及摄影等商业活动，均须取得主管部门的同意和工商行政管理部门的营业许可。这些商业活动应限定在指定区域内进行，其服务内容、规模大小、形态设计、外观风格及色彩搭配等均应与公园的功能定位和景观特色相契合，并且严格遵守卫生和安全管理方面的规章制度。

第五，充实活动内容。为了深入分析游客的心理和行为特征，我们必须制订多样化的活动计划。同时，要细致规划活动预算及临时搭建所需设施的具体安排。在组织大型公共活动时，确保各方能够高效协作至关重要，并且必须提前向相应管理部门提交申请并获得批准，未经授权不得擅自进行活动。

第六，涵盖宣传、巡查、规劝及报告等多方面工作的执法管理协助。

第七，负责年度预算制定、中期核算及年终决算等环节的资金核算管理。

第八，对公园植被调整、植物养护、设施维护及活动记录等相关档案进行整理的档案管理。同时，需加强数据信息化管理技术的应用。

B. 紧急情况下的危机管理与应对

第一，生物灾害管理。城市绿化工作应秉持"预防为主、科学防范、加强合作"的核心原则，着力加强管理措施，以减轻生物入侵的潜在威胁。在绿化实施过程中，必须重视预防工作，积极推动对生物入侵问题的技术研究和防控体系的建立。此外，要增强检疫工作力度，构筑起抵御外来生物入侵的第一道防线；深入实施有害生物的风险评估，从源头上防止有害生物的侵入；完善相关法律法规，从根本上治理入侵生物；同时，强化防控技术的研究，确保生物灾害防控工作的科学性和有效性。

第二，自然灾害管理。公园绿地构成了抵御自然灾害的坚实屏障，其繁茂的生态系统能够有效积水防洪、减少水土流失、抑制沙尘暴以及减轻灾害带来的损失。在对于这些绿色区域进行规划与管理时，我们应当特别重视其防灾减灾的作用，力求植被配置与地形构造尽可能地恢复和模仿自然景观。同时，有关部门必须建立一套全面的自然灾害应急管理体系，确保在面临突发灾害时，能够迅速有效地应对，以减少灾害带来的不良影响。

第三，安全管理。在公园绿地的日常维护工作中，安全管理工作至关重要，涵盖了机械操作、电力使用、高空作业、水域及设施安全等多个关键环节。相关部门须将安全放在首位，注重安全警示标志的维护与设置，并严格实行安全责任制。同时，采取安全管理考核一票否决制，以加强管理力度。鉴于公园绿地作为城市重要的公共空间，人流量大，社会治安问题亦不容小觑。因此，绿化管理部门需建立联席会议制度，保障社会治安综合管理工作的顺利进行。

C. 管理的规范化

第一，确立公园绿地的养护技术标准，对于确保城市公园绿地呈现最佳视觉效果至关重要，同时也是实施维护措施的基础。各地应依据自身实际情况，制定适合本地的公园绿地养护规范。作为国家基础设施的一部分，公园绿地的管理和维护费用已被纳入地方财政预算。绿化管理部门在履行职责时，需合理安排财政资金，确保公园绿地维持在最优景观状态。为了实行有效管理，绿化管理部门可通过招标等方式选定公园绿地的管理单位，并通过合同形式明确双方的权利与义务。在此过程中，绿化管理部门作为合同的一方，需设定具体的养护技术要求和管理评估标准，以确保养护质量。同时，参与竞标的单位也必须具备相应的专业资质，以保障绿地养护工作的高标准完成。

第二，公园绿地的品质及服务水平直接影响其效益与功能的体现。对于承担绿地管理职责的企业而言，实施质量与环境认证体系极为关键。构建一个统一和谐的质量和环境安全管理框架，有助于管理机构更高效地配置资源，减少运营开支，提升管理效能，从而进一步优化绿地整体景观。

2. 风景名胜区的规范

中国的风景名胜区以其独特的自然景观和人文景观的交融，展示了卓越的美学、科技、艺术及历史价值，为科研、科普、参观、娱乐和旅游提供了理想的去处。这些景区大致可分为以下七大类别：①山岳风景区，例如安徽黄山、山东泰山、陕西华山、四川峨眉山、江西庐山、山西五台山、湖南衡山、云南玉龙山、浙江雁荡山、辽宁千山、河南嵩山、湖北武当山等；②湖泊风景区，包括江苏太湖、杭州西湖、昆明滇池、大理洱海、新疆天山天池、新疆赛里木湖、青海青海湖、吉林长白山天池、黑龙江镜泊湖、武汉东湖、广东七星岩星湖等；③河川风景区，如桂林漓江、长江三峡、武夷山九曲溪等；④海滨风景区，包括山东青岛、河北北戴河、辽宁大连、浙江普陀、福建厦门、广东汕头、海南天涯海角

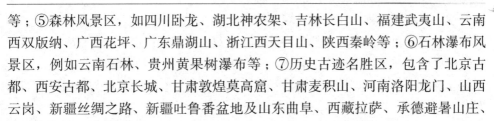

等；⑤森林风景区，如四川卧龙、湖北神农架、吉林长白山、福建武夷山、云南西双版纳、广西花坪、广东鼎湖山、浙江西天目山、陕西秦岭等；⑥石林瀑布风景区，例如云南石林、贵州黄果树瀑布等；⑦历史古迹名胜区，包含了北京古都、西安古都、北京长城、甘肃敦煌莫高窟、甘肃麦积山、河南洛阳龙门、山西云岗、新疆丝绸之路、新疆吐鲁番盆地及山东曲阜、西藏拉萨、承德避暑山庄、苏州园林、扬州园林等。

对风景名胜区的管理，必须严格遵守相关原则，力求建设成为文明、和谐且可持续发展的旅游目的地。我们应深化管理体制改革，勇于探索创新，寻找符合中国国情的风景名胜资源保护与规范化管理的新模式，积极推动风景名胜区各项工作的创新发展。管理工作涵盖了环境保护、游览组织、游客服务、交通调度、基础设施建设与维护、安全保障、环境卫生、生活物资供给、商业摊位管理、森林水源保护及垃圾污水治理等多个方面。

（1）风景名胜区的管理体系构建

在深化法治国家建设的过程中，我们迫切需要对风景名胜区的管理体系进行创新与优化。针对风景名胜区在管理、规划、保护、开发、建设及运营等多个方面长期面临的挑战，我们必须迅速制定与《风景名胜区条例》相衔接的法规和制度。这包括改进特许经营体系、建立资源有偿使用制度，以及对风景名胜区规划制定流程的细化，为风景名胜区的法治建设打下坚实的基础。我们致力于逐步健全风景名胜区的法律框架，旨在确保我国风景名胜区在法治框架内实现可持续与健康发展。

为了提升风景名胜区的规范化和科学化管理水平，迫切需要构建与完善一套针对风景名胜行业的管理技术规范与标准体系。这要求我们深入探究并制定与风景名胜区保护和管理相关的国家标准与技术指导原则，为管理工作打下坚实基础。风景名胜区的管理机构应遵循相关法律法规，针对建筑施工、信息化建设、客户服务、安全管理、卫生管理及游乐活动等多个方面，制定和优化相应的规章制度。同时，应明确各类技术规范和操作流程，以实现风景名胜区内管理行为和活动的标准化，从而最大限度地提高管理效率。

（2）风景名胜区的管理机构

①风景名胜区管理机构的不同类别。在我国，风景名胜区的管理体系展现出多样化的特点，各类机构在组织架构、行政级别和职能分配上各不相同。特别是国家级风景名胜区的管理机构，大致可以分为三种类型：直属政府的职能部门、由政府主导的协调议事机构及政府指派的派出机构。

②风景名胜区管理机构应承担的职能与责任。风景名胜区管理机构承担着风景名胜区管理的核心任务，处于管理工作前沿。作为国家的代表，该机构秉承

国家意志，遵循国家法律法规，履行管理职责。它运用行政管理、法律手段、经济调节、宣传教育及科技支持等多种方式，对风景名胜区进行全方位管理。该机构的主要职责在于协调政府、企业、社区组织以及其他相关利益方的关系，负责国家公共资源的保护、管理与合理利用，致力于为社会提供精神与物质双方面的服务。

③风景名胜区管理机构的行政规范。风景名胜区拥有众多自然景观和资源，其管理职责涉及多个部门和机构。为确保风景名胜区的管理机构能有效履行政府赋予的管理任务，遵循《风景名胜区条例》的统一管理原则，地方政府根据风景名胜区的实际管理需求，赋予了管理机构相应的行政级别。这一措施旨在提高管理效率，强化协调能力。

当前，许多国家级风景名胜区的管理机构通常为县级或副县级，有些甚至提升至副地级或地级。随着这些风景名胜区在行业中的社会影响力日益上升，它们在地方社会文化发展和经济增长中的重要性也日益凸显。在地方政府的密切关注和大力支持下，这些风景名胜区的管理机构级别正在逐渐提升，其地位也在不断增强。这些机构在推动我国旅游业的发展、保护自然文化遗产、促进社区精神文明建设及引领区域经济结构调整等方面发挥着至关重要的作用。

（3）风景名胜区的规划策略

风景名胜区规划是一项涵盖多领域、横跨众多行业和社区的高难度工作。在打造和谐且可持续发展的风景名胜区的新理念指导下，我们需要与其他相关规划进行细致的整合和协调。同时，我们必须科学地制定规划方案，并强化规划审批的过程，确保规划的权威性和严肃性得到维护。此外，还需推进风景名胜区的法治化管理，依据法律法规执行行政任务，逐步规范开发建设行为，保证风景名胜区规划的强制性规定能够得到有效执行。

风景名胜区规划在广义上被视为国家针对特定区域内自然和文化遗产资源实施有效管理、保护和开发的关键手段与指导方针。它是风景名胜区技术标准的基础，并且是根据事物发展规律，运用科学理念、理论与技术进行细致研究和精心策划的产物。该规划的核心宗旨在于为风景名胜区的持续发展绘制战略性的规划图景，同时也是确保风景名胜区各项工作顺利推进的根本和关键所在。从狭义的角度讲，风景名胜区规划是指为实现其发展目标而确立的一段时间内的系统性行动计划的决策过程。这一过程涵盖了对风景名胜区的本质、特色、功能、价值、用途、开发方针、保护区划、规模容量、空间布局、功能配置、游览管理、工程技术、管理策略及经济效益等关键问题的处理方案。此外，它还旨在寻求保护与利用、长远利益与眼前利益、整体与局部、技术与艺术之间的平衡点，以推动该区域及其周边地区的和谐发展。

①风景名胜区规划的主要职责。首先，对当前的整体状况进行全面的评价；其次，结合风景区现有的发展程度，考虑其历史沿革、当前状况、未来发展方向及社会需求，确立风景区的发展定位、目标及实施的具体策略；再次，对景区内部的景观布局进行优化，以增强游客体验，充分挖掘景观的潜在价值；从次，对风景区的空间布局、规划方案、人口规模和生态环境保护的基本原则进行综合规划；然后，系统性地规划游览系统、旅游服务设施、居民的社会经营管理机制，以及相关的专项规划和关键发展项目；最后，制定具体的执行步骤和必要的保障措施。

②在规划风景名胜区时，需全面考量多种相关因素。风景名胜区的规划应紧密结合我国的实际国情，针对不同景区的具体特点进行个性化设计。规划时，需全面考虑资源特性、环境条件、历史文化背景、现状特征，以及国家经济和社会发展的未来方向，确保规划的全面性和细致性。在规划实施中，必须严格执行自然和文化遗产的保护措施，保持原有景观的独特性和地方特色，保护生物多样性，维护生态平衡，预防环境污染和其他环境危害，提升教育和审美价值，加强植被和植物景观的培育。

此外，规划应充分利用景区资源的多方面潜力，明确风景游览的核心吸引力，合理配置服务设施，提升景区的运营管理效能，目标是构建一个环境优美、设施便捷、社会文明、生态良好、景观独特、游赏魅力突出，且人与自然和谐共存的旅游环境。同时，规划还应重视风景环境、社会影响和经济效益的综合平衡，妥善解决景区自我发展与社会需求之间的矛盾，防止过度的人工化、城市化和商业化，确保景区能够以适度、有序、有节奏的方式实现长期可持续发展。

（4）风景名胜区的服务

①提升科学管理水平，打造优质服务品质。我国风景名胜区正积极响应人民群众对精神文化生活需求的增长，努力追求社会、生态与经济效益的协调发展。为此，使景区管理部门正积极推行科学化管理，并提供高品质服务，以打造一个和谐、诚信、可持续的发展环境。通过采取行政、道德、法律及经济等多方面的措施，景区管理部门有效地整合社会资源，对交通、餐饮、住宿、商业、信息及旅行社等相关行业实施标准化管理。同时，景区特别重视提高工作人员的专业素养和服务能力，以全面提升风景名胜区的管理水平和服务质量，进一步推动旅游服务市场的持续发展和优化。

②提高游客服务中心建设标准，持续完善游客服务中心的功能架构。各地风景名胜区正充分发挥其作为展示与宣传的窗口功能，积极促进游客中心的设立。在不断提升服务水平的基础上，逐步丰富游客中心的功能多样性。通过实施一系列高效举措和举办各式各样的精彩活动，这些风景名胜区不仅成为推动当地旅游

经济繁荣和文化活跃的核心引擎，同时也成为展现和提升地方形象的一道迷人风景。

（5）风景名胜区的商业运营与管理

①安排社会劳动力就业。各地风景区在执行其风景名胜区的管理与保护职责的同时，也在积极促进社会就业。它们创造了大量的管理、维护及服务岗位，有效缓解了城市和乡村的就业压力，吸纳了许多失业人员和农村剩余劳动力。此外，有些景区充分利用当地的资源，助力当地居民脱贫，使他们有机会参与到旅游业务的运营和服务中，发展具有地方特色的农产品和传统手工艺。通过经营农家乐、家庭旅馆和旅游商品销售点，景区居民围绕旅游业开展了多元化的经济活动，极大地推动了当地社区的经济增长。景区作为旅游经济发展的关键力量，对我国旅游业的兴旺发达起到了不可或缺的作用。

②加强风景名胜区管理机构经营活动的规范化管理。当前，我国各风景名胜区正值高速成长的关键阶段。如何深挖风景名胜资源的潜力，妥善应对风景名胜区在生存和发展过程中遇到的挑战，已经成为各地风景名胜区亟须解决的核心问题。在风景名胜区的旅游经营现状下，各地风景名胜区不断更新发展理念，探索新的发展路径，将风景名胜区的发展与时代进步、社会发展及新兴旅游经济紧密结合。通过完善风景名胜区管理机构的经济活动管理，实现风景名胜资源保护与利用的平衡，推动风景名胜区各类问题的有效解决。

我们将分步骤完善风景名胜区商业项目的市场准入机制，通过市场手段有效调控，确保景区市场资源的合理分布。在这一过程中，我们将明确政府与经营者之间的权利与责任界限，主动探索并推广风景名胜资源的特许经营与付费使用制度，以促进旅游服务市场的规范运作和长远发展。

③以科学为指导，协助相关产业与企业理智规划投资项目及发展轨迹，旨在推动旅游产业走向可持续发展的模式。风景名胜区的旅游服务业目前正处于快速发展阶段，近几年来，为了更加有效地保护这些区域的自然和文化遗产，提升风景名胜区的管理效能和服务品质，同时遏制部分风景名胜区过度商业化的趋势，对相关产业和企业的成长路径及投资策略给予正确的引导变得尤为关键和迫切。

在我国，得益于全球保护机构的支持与倡导，社会各界正积极响应号召，共同投身于风景名胜资源的保护工作。各地风景名胜区正努力探索一种既能守护自然资源，又能推动持续发展的新型旅游模式，借鉴国际国家公园的成熟管理方法。我们推崇的是人与自然和谐相处的旅游方式，倡导文明、健康、朴实的旅游行为，同时鼓励低碳旅行，以提升游客的旅游体验和审美境界。我们正努力探寻符合中国特色的可持续旅游标准和路径，推动风景名胜区经营理念从粗放、数量导向的旅游模式向精细化、质量导向的旅游模式转变，实现从过度商业化向生态可持续旅游模式的转型。在新时代的大背景下，风景名胜区的可持续发展道路将愈发宽广。

二、风景园林安全设计

（一）风景园林安全设计的原则

1. 遵循因地制宜的原则

在对风景园林的安全性进行规划设计时，必须首要考虑根据地形地貌来制定方案。风景园林设计的核心在于深入了解场地的具体情况，涵盖气候特征、地质条件、植被分布及地形状况等多种因素，所有设计行为都应紧密依据这些场地特性进行。

在风景园林设计过程中，设计师需充分考虑项目所在地地理环境的多样性，以制定与自然环境相适应的安全设计策略。我国地形多变，包括山地、平原、滨水区域、沿海地带等多种地貌类型，这些独特的地理环境为园林安全规划提出了不同的挑战。例如，在山地景观设计上，设计师必须防范落石、山体滑坡等自然灾害的风险；在滨水景观设计上，则要考虑防止落水和洪水侵袭的可能性，特别是在水利风景区，还需关注水库运行的安全性；在森林景观设计上，火灾、迷路以及危险动植物可能带来的伤害成为关键安全问题。而在城市景观中，施工不当引起的交通安全问题，如尖锐拐角和人车分流不合理等，也是安全隐患的来源。设计师在开展风景园林的安全性设计时，应依据项目所在地的具体环境，遵循因地制宜的原则，针对不同环境特点进行有针对性的设计，确保多方面提高景观项目的安全性，保障游客在使用过程中的安全。

2. 遵循以人为本的原则

坚持以人为本的发展理念，首要之策是全面确保游客的生命安全得到坚实保障。在风景园林的规划与设计阶段，保障游客的生命安全是至关重要的任务。由于山林火灾、落水等潜在的安全风险可能对游客生命造成极大威胁，设计师必须深入分析实际状况，细致考虑每一个环节，采取预防为主的策略，并结合防治措施，以最大限度地确保游客在游览过程中的生命安全。此外，对游客的财产安全同样不可忽视。在众多自然景区中，游客因疏忽导致的财产损失，如物品不慎落入山谷或被野生动物拿走，也需引起关注。设计师在风景园林的安全性规划中，应运用多种手段，例如增设防护设施、布置警示标志等，以减少游客财产损失的可能性。

在设计风景园林项目时，我们需始终坚持以人为本的中心思想，并充分关注游客的游览偏好。在安全规划设计的环节中，必须遵循人性化原则，确保每一个设计细节都能贴合游客的个性化需求、习惯及普遍行为特征，防止出现仅符合安

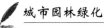

全规范而忽视游客体验，造成游客使用或欣赏景观不便捷的问题。

3. 遵循生态优先的原则

在经济飞速发展的当下，人们对休闲旅游的需求持续上升。在这样的社会环境中，风景园林设计师在开展安全规划与设计工作时，应坚守一个基本原则：即敬畏自然，力求将对自然环境的干预降至最低，保护其原生状态。

在打造风景园林的过程中，自然环境的诸多要素，如地质条件、土壤类型、植被分布以及水文特征，都与安全紧密相连。然而，我们不能仅出于安全考虑而过度实施人工干预。比如，在实施安全防护措施时，我们可以使用防护网等设备，这种做法既保障了游客的安全，又避免了破坏自然环境，实际上还能起到隐性的保护作用。在进行安全规划设计时，我们应坚持尊重自然、尽量减少对原生环境干扰的原则，对自然环境进行适宜且合理的利用与改造，以最大程度地保留其自然景观的独特魅力。

4. 遵循安全与美观结合的原则

风景园林设计致力于增强自然景观的审美价值，审美是其核心所在。但在进行园林的安全性规划时，关注的焦点则转向了安全功能。设计师在创作时必须巧妙地调和美观与实用，探索既能满足审美标准又能兼顾安全性的设计方案。这一平衡的挑战，是设计师必须应对的重要课题，也是风景园林安全性规划设计中必须遵循的根本原则。

设计师在追求功能性与审美性和谐融合的过程中，需要具备稳固的设计功底，全面把握设计整体，同时在细节处理上巧妙融入安全要素。园林景观的美学追求应在宏观层面进行细致规划，确保风格的统一性和规划的和谐性，以呈现宏伟而美观的景观。而安全性则需渗透到每一个细节的精心处理中，只有通过精细入微的雕琢，才能确保工程完成后的安全稳定。考虑到每个项目都具有其独特性，实现功能与美观的绝佳平衡是一项极具挑战性的任务。当安全与美观之间出现冲突时，设计师应保持冷静的判断，必要时甚至需牺牲部分审美价值，以确保项目的安全性作为首要前提。设计师应避免个人主观偏好对决策的干扰，始终将项目的安全性和可靠性置于核心位置。

（二）风景园林安全设计的建议

第一，明确园林安全评估的具体准则。在园林行业中引入安全评估体系，旨在对园林景观环境进行详尽的安全性评估，以揭示可能存在的安全风险，确保园林空间的安全性。通过建立和执行园林安全评估标准，我们可以提高园林规划、绿化建设以及日常养护管理的科学性和有效性。针对当前园林景观存在的问题，我们将提出改进建议或更科学的管理策略，以最大限度减少风险。鉴于园林安全事件的复杂性，准确的安全事故评估对于园林安全的预防和控制至关重要，同时也对实施赔偿和处罚措施具有积极影响。例如，在施工和养护方面，可以将绿化植物的死亡率作为衡量指标；在生态和灾害安全方面，可以根据有害生物疫情的发生情况以及园林对自然灾害的应对能力来确定安全等级；而在生活安全方面，需要评估园林规划设计和日常养护管理是否存在交通安全隐患，以及游园者的安全状况。

第二，完善园林安全相关的法规体系。目前，我国园林绿化的安全管理主要依托绿化工程验收标准来实施。然而，令人遗憾的是，我国还未建立起一套独立且健全的园林安全法规体系，这一现状亟待改进。我们必须在现有法规的基础上，打造一套全面、系统，并确保安全性的强制最低标准，以指导园林绿化行业及其相关部门的具体操作，满足园林发展的实际需求。

第三，提升园林安全意识的普及教育。人是园林环境中的核心，保障人们在园林日常生活中的安全，是满足园林景观安全需求的重中之重，也是研究园林安全问题的核心所在。我们需要利用新闻媒体的广泛传播，普及园林安全知识，引导公众认识园林安全的现状，关注安全问题，并积极参与到园林安全管理中来。同时，应及时公开园林安全信息，充分利用园林绿地的科普教育作用，让大众在游憩的同时，也能接受园林安全教育的熏陶。在园林的规划、设计和管理过程中，应引入公众参与机制，使园林景观更好地满足人们的安全需求，共同营造和谐安全的园林环境。

第三节　园林绿化的景观设计与养护管理策略

一、园林绿化的景观设计

第一，依据环保效益来进行植物的选配与布局。植物在保护土壤健康和促进环境保护方面起着至关重要的作用。各类植物对于环境的改善作用各有所长，包括水体的净化、土壤的改良及对抗特定污染物的能力。因此，在进行园林绿化的施工与规划时，精心挑选适宜的植物种类，并运用多样化的搭配策略，不仅能够提升城市的视觉效果，还能有效应对城市环境中的污染问题。

第二，因势利导，科学选取当地植被。在进行园林景观设计时，我们需要确保植物种类的多样性，并且要充分考虑地理环境的具体因素，优先选择当地的特有植物。这是因为本地植物已经很好地适应了当地的气候和土壤环境，种植起来较为容易存活，并且它们能够与园中的其他植物种类和睦共生，共同构建一个既美观又稳定的生态系统。

第三，务必使城市规划中的各个功能区域划分遵循城市功能分区的规范与准则。在进行园林景观设计时，必须针对城市不同功能区的特点进行精确的区域规划，以实现城市环境与绿化设计的和谐交融。同时，所设计的园林景观应与各功能区的特色相互辉映，符合其整体规划和风格定位，从而实现功能性和视觉美感的最大化。

二、园林绿化的保养与管理方针

第一，制定统一的施工规范标准。在进行园林景观的维护与管理时，养护人员必须严格遵守相关规章制度和行业标准，确保绿化工作的科学性和效率。他们不仅需要具备丰富的园林学知识，还应掌握必要的生态学和生物学基础知识。在施工准备阶段，养护人员需对园林的整体规划和设计细节有深入了解。在植物幼苗的运输过程中，采取有效的保护措施至关重要，以防幼苗在运输途中遭受根部损伤或压迫。同时，养护人员还需密切关注施工现场的土壤状况和地理环境变化。考虑到幼苗对土壤质量和水分的需求，栽植前需精确测定土壤的 pH 值、透水性和含水量，确保这些条件满足幼苗生长的基本要求。幼苗栽植完成后，应在24 小时内进行首次彻底浇水，以帮助幼苗根系及时吸收水分，促进其健康成长。

第二，强化队伍建设与管理。人才是促进社会进步的核心动力，这一点在历史长河中屡次得到验证。园林绿化的维护与管理同样高度依赖人才的贡献。在园林绿化的施工阶段，施工人员需主动发挥个人主观能动性，精心规划园林景观布局，并实施恰当的保养策略，以保障园林景观设计的高品质和良好的维护效果。在这一过程中，设计人员需要不断提升自身的综合素质和专业技术水平，同时深入学习园林设计相关的理论知识和实际操作技能。为达成此目标，可以通过定期组织理论知识学习和技能培训，并进行评估，同时优化监管机制和制度框架。对于表现优异的员工，应通过激励机制进行表彰，以此激发他们的工作热情和积极性。同时，还应建立必要的处罚措施，确保员工在日常工作中保持责任感，从而提升园林绿化保养管理的整体效能。

第三，提升养护管理的技术水平。园林植物的养护管理往往会受到外部环境的干扰，因此必须实施高效的策略以优化养护技术。针对各种植物的特点，应制定个性化的养护方案。在施肥方面，应以有机肥为主，合理施用，确保植物能够吸收到充足的养分。同时，在养护过程中还需适度修剪苗木，以调整其生长习性，从而提升园林植物的整体美观效果。

第五章　城市园林绿化品质提升的策略与措施

第一节　提升设计原则

一、可持续性设计原则

在城市园林绿化的规划与建设过程中，坚守可持续发展设计理念至关重要。在设计的初始阶段，我们就应深入贯彻这一理念，力求项目在满足现阶段需求的同时，对未来也能产生持续的正面效应。这些设计原则涉及资源的有效利用、生态环境的保护与恢复，以及尽可能降低对环境的负面影响。采纳可持续性设计原则，可以使城市绿化与自然环境协调发展，为市民营造高质量的生活环境，同时减少对自然资源的依赖和对生态环境的损害。在整个城市园林绿化的规划与建设过程中，始终贯彻可持续性设计原则，并将其作为推动城市绿化发展的核心导向。这一设计策略不仅有助于提升城市环境品质，同时也为未来城市绿化工作的开展积累了宝贵的经验与参考。

二、人本主义设计原则

人本主义设计理念强调在设计过程中应以人的需求和感受为核心，注重人与自然的和谐共生。在优化城市园林绿化质量方面，这一理念着重于深入探讨居民的实际需求和情感体验，力求打造一个既宜人又宜居的绿色空间。设计师在此理念指导下，需将人们的健康、安全、便利和审美需求融入设计之中，旨在提升城市居民的生活品质和幸福感。基于人本主义设计原则，城市园林绿化不仅追求景观美观，更应成为居民生活的一部分，提供休闲、交流和心灵抚慰的场所。这种以人为核心的设计理念使城市绿化更加贴近居民生活，促进人与自然的和谐共生，进而实现城市绿化品质的整体提升。

三、生态环境适应性设计原则

生态环境适应性设计原则是提升城市园林绿化品质的重要因素。在设计城市园林绿化时，需深入考量当地的生态环境特点，确保所选植物能够适应当地的气候、土壤和水文条件。这一原则的核心目标是实现人类与自然的和谐共生，通过科学选择植物种类和合理规划绿化空间，达到保护和改善生态环境的目的，同时增加城市绿地的生态功能和生物多样性。应用生态环境适应性设计原则，不仅有助于提高城市环境的整体质量，还能有效抵御气候变化和自然灾害带来的影响，为城市居民创造更加宜居的生活环境。

四、创新与多样性设计原则

在城市园林的发展进程中，创新与多样化的设计理念发挥着至关重要的作用。创新设计代表着摆脱传统限制，引入独特的思维和方法，为城市园林注入新的生命力和创意。这一理念激励设计师大胆创新，持续探索，以适应城市发展的新动向和新需求。同时，多样性设计理念着重于在园林规划与设计中融入多样化的元素和风格，满足不同人群的需求和喜好，营造一个包容性更强、充满活力的城市绿色环境。坚持创新与多样性设计理念，将使城市园林焕发更多的创意与活力，进而提高其整体品质和吸引力。

第二节　城市园林绿化品质提升技术创新与应用

一、城市园林绿化技术创新概述

（一）园林绿化技术创新的类型

在城市园林建设的发展之路上，创新技术的推动力不可或缺，其形态各异且持续革新。一方面，传统园林技术经过持续的优化与提升，孕育了众多创新成果，如水培技术、自动灌溉系统、绿色屋顶植被等，这些都极大地开辟了城市绿化新天地。另一方面，生物技术在园林领域的应用也日益扩大，包括基因改良的新植物种类的开发，以及生态系统修复与重建技术的应用，这些都为城市园林的持续进步提供了新方向。同时，随着数字化技术的迅猛发展，智能化园林技术也日益受到关注，比如智能灌溉系统、远程监控和管理系统等，这些技术的应用显著提高了城市绿化的效率与品质。得益于园林绿化技术创新的不断推动，城市的绿色景观正变得更加多元化、绚丽多彩，且更具现代感。

（二）技术创新对城市园林绿化的影响

技术创新在城市园林绿化领域发挥了深刻而广泛的作用。

首先，它打破了传统设计框架，让园林设计更具创意，能够更好地适应不同区域的独特需求和特点。

其次，新技术的融入，如机械化操作和智能化监控，革新了绿化施工的方法，不仅提升了工作效率，缩短了建设周期，还实现了成本的有效控制。

最后，技术创新加强了城市园林绿化与生态环境保护的融合，深化了绿色发展理念在城市规划与建设中的实践，极大地提高了城市园林绿化的整体品质和效能。

随着科技的发展，城市管理中的园林绿化工作变得更加轻松高效。例如，利用先进的智能监控系统，我们可以实时跟踪植物生长状况，迅速发现病虫害及营养缺失等问题，并采取有针对性的养护措施，确保植物茁壮成长。同时，环保技术的不断革新，使得城市绿化与周围环境更加和谐，降低了人类活动对自然生态的影响，提升了绿化的生态价值。引入信息化管理技术，也为城市园林绿化的规划、设计、施工和维护等环节提供了全面支持，极大地提高了绿化工作的效率。

在全球范围内，技术创新在推进城市园林绿化方面展现出明显的积极作用。例如，新加坡通过采用先进的智能化系统，对绿化植物进行精确管理和保养，保障了城市绿化景观的持久美观和活力。在欧洲的一些国家，创新的生态环境治理技术不仅提高了城市绿化的生态效能，也为当地居民打造了更为宜人的居住条件，凸显了技术创新在改善城市生态环境中的重要作用。

（三）国内外技术创新案例分析

在城市园林绿化领域内，探究技术创新的成功典范极为关键。通过深度剖析和归纳国内外优秀的实践例子，我们能够汲取珍贵的经验与启示，这为城市园林绿化技术的持续进步奠定了坚实的基础。下面，我们将结合一些具体案例，对园林绿化技术创新的实际运用进行详尽的分析和讨论。

在国外，滨海湾花园项目在新加坡被誉为城市绿化革新的标杆，以其精湛的现代科技运用而著称。该项目采纳了诸如立体绿化和雨水回收等前沿技术，巧妙地将城市绿色空间与自然生态环境相融合，为市民营造了一片舒适的休闲胜地。在植被选择和景观布局方面，滨海湾花园追求多元化的设计理念，巧妙地融合了水体景观、雕塑艺术等多种设计元素，形成了其独特的城市绿化风貌。

在国内，北京奥林匹克森林公园的建设达到了我国在城市园林建设领域技术革新的巅峰。该公园在景观设计上展现了非凡的创意，巧妙地融合了先进的生态环境治理技术。它通过打造湿地和恢复植被的方式，有效改善了周边地区的生态环境。此外，公园还引入了信息化管理和智能化监控系统，运用前沿科技对植被的生长和水质状况进行即时监测和分析，保障了绿化效果的长期维持和生态环境的可持续发展。

除此之外，日本的"森林浴"文化为城市园林设计注入了新的活力。这一文化倡导人们远离都市的喧嚣，沉浸于大自然的怀抱，享受森林带来的无限益处。它不仅有助于改善人们的身心健康，还推动了城市绿化以及管理和技术的革新。在园林植被的挑选与施工技术方面，日本充分利用了国内植物资源，并结合现代科技，打造出了充满日本特色的园林景观。

二、城市园林绿化品质提升的策略与方法

（一）植物配置与景观设计创新

在城市绿色建设中，科学地搭配植物与创意景观设计是提高环境质量的关键策略。通过精心挑选适宜的植物并巧妙规划景观，我们能够营造出一个既雅观又具备生态效益的城市绿色空间。在选材上，挑选那些能够适应本地气候和土壤环境的植物品种至关重要。这不仅需要考虑植物的观赏性，还需要综合其生长习性、适应能力和生态功能，以确保绿化效果的持久与稳定。此外，运用景观设计的技巧，比如调和色彩、布局空间以及运用线条，可以打造出层次鲜明、多元化的园林景观，从而增强城市绿化的审美价值和艺术魅力。

在城市园林绿化的实践中，创新的植物配置与景观设计观念不断涌现。比如，运用本土植物不仅增加了生态的多样性，而且在降低维护成本方面效果显著；引入垂直绿化技术，把绿化与城市立体空间相结合，有效提升了城市绿化率和空间利用效率；此外，融合水景设计，打造出既环保又美观的水生植物景观。这些新颖的设计理念为城市园林绿化的外观和内在价值注入了丰富的多样性，为提高城市绿化质量带来了新的生命力。

随着科技不断进步，数字化手段日益融入植物选择与景观营造领域。设计师们得以借助植物信息库及专业景观设计程序，精确挑选植物种类，优化搭配与布局，从而显著提升设计效率与成效。此外，依托虚拟现实技术的辅助，城市绿化方案的可视化展示与互动体验成为可能，使决策者和大众能够更深入地认识并参与到城市绿化的每个环节。信息技术的这些运用为植物配置和景观设计注入新动力，有效促进了城市绿化品质的不断提高。

（二）生态环境综合治理技术

在城市园林绿化的实践中，生态环境综合治理技术发挥着核心作用。该技术融合了生物学、化学、物理学等领域的先进理念，并结合高端工程技术，对城市

的绿化环境进行全方位和系统的整治与优化。综合治理技术的运用领域广泛，涵盖了生态景观的恢复、水体净化、土壤改良及垃圾处理等多个方面。这些科学合理的规划与执行显著提高了城市园林绿化的生态效益和环境质量。在具体实践中，这些技术不仅增强了城市绿地的生态功能，也提升了其景观美学价值，为市民提供了更高品质的休闲空间。另外，生态环境综合治理技术在推动城市生态环境可持续发展方面起到了关键作用，有助于实现城市绿化与生态保护的协调发展。

（三）信息化管理与智能化监控系统

在城市园林绿化的现代化管理实践中，信息化和智能化监控系统的作用愈发显著。随着科技的飞速进步，这两种系统已成为提高绿化品质的关键因素。信息化管理系统通过搜集、汇总和分析各种数据信息，实现了对绿化资源的精细化管理，大幅提高了管理效率和决策的准确性。与此同时，智能化监控系统利用物联网、人工智能等先进技术，对园林设施进行远程智能监控和调整，极大地增强了绿化系统的运行效率和监控范围。这些高科技手段的应用，不仅提升了城市绿化管理的效率，也为居民营造了一个更加宜居、便捷的绿色居住环境。

三、城市绿地系统规划与设计创新

（一）城市绿地系统的空间布局优化

优化城市绿地的空间布局对于提升园林景观品质至关重要。合理的规划与设计不仅能提升绿地的使用功能和美观度，还能为市民创造高品质的休闲场所。这一规划工作需要全面考虑城市整体规划与居民的切实需求，实现绿色资源的均匀分布，构建有利于生态环境的空间结构。在城市绿地规划中，应重视各功能区的协调搭配和顺畅衔接，确保绿地系统既能满足居民的日常生活需求，又能保持生态平衡，推动城市的持续发展。通过对空间布局的精细优化，可以显著增强城市绿地系统的整体效能，进而改善居民的生活环境和居住质量。

（二）多功能绿地设计与综合利用

在城市园林绿化的推进过程中，打造具有多重功能的高效绿地是关键策略之一。经过周密规划的这类绿地，不仅能美化城市面貌，还能充分发挥空间价值，为城市带来全方位的社会、经济与生态效益。在当代城市规划领域中，将绿地与实用性需求融合，推动绿地向多功能方向发展，已成为一种新的动向。这些绿地不仅提供给市民放松休息的场所，还具备蓄水、生态维护、空气清洁等多种功能，实现了资源的优化利用。在布局城市绿地系统时，我们应重视绿地的多功能与互补特性，以满足城市多方面的需求，构建更加智慧、绿色环保的城市绿地空间。

在构建多功能城市绿地时，必须根据城市的实际情况量身定制规划策略，深入分析城市未来发展趋势及居民的实际生活需求，打造具有地方特色的绿色空间。规划与设计过程中，应巧妙融合生态景观、文化特质及艺术元素，以提升绿地的文化内涵，增强其品质和吸引力。此外，在开发绿地多功能性时，应重视与周围环境的协调共生，打造互联互通的城市绿地系统，优化资源配置。通过精心规划和高效使用，多功能绿地不仅能改善市民的居住环境，还能推动城市绿化水平的整体提升。

在设计多功能绿地并实现其综合利用的过程中，我们必须全面兼顾生态环境的保护、经济发展的需求和社会利益的平衡，力求绿地空间效益的最大化。同时，重视绿地的可持续发展也至关重要，我们应使用环保材料，应用节能减排技术，确保绿地建设与管理的长期可持续性。依托科学严谨的规划与设计，我们可以充分挖掘多功能绿地的潜力，为提升城市绿化质量和效率奠定坚实的基石。

打造具备多重功能的城市绿地，不仅有助于提升城市绿化程度，也对推动城市可持续发展具有深远影响。在建设园林城市的过程中，我们必须深入发掘多功能绿地的潜在价值，实施科学的规划与高效的城市绿地资源利用策略。通过不断创新和融合本土文化特色，我们能够不断提高城市绿化的品质，为营造更加宜居、赏心悦目的城市环境贡献更多力量。

（三）绿色基础设施与生态网络构建

城市园林绿化的核心是绿色基础设施，它在提升城市生态环境质量和维护生态平衡方面发挥着至关重要的作用。构建生态网络，就是通过精心规划和设计城市绿地系统，把散布的绿地节点连接起来，打造一个连贯的生态网络系统。这样的做法旨在使城市与周边自然环境和谐共生。科学合理的规划与设计可以最大程度地保留和恢复城市的生态空间，增强绿地系统的连通性和完整性，从而推动城市生态环境的优化和稳定性。生态网络建设的核心在于优化城市绿地的布局，确保绿地节点之间的相互联系和互补，打破传统城市规划的限制，实现绿地系统的统一和连贯。通过建立生态网络，我们不仅能提升城市绿地系统的生态功能和服务质量，为市民提供更优质的生态环境和休闲空间，同时也能促进城市生态系统的可持续发展。

在城市绿色基础设施及生态网络的建设过程中，不断涌现出各式各样的创新策略和手段。例如，借助先进的科技手段，我们能够利用遥感技术和地理信息系统对城市绿地实施全方位的监测与评估，这为构建生态网络提供了坚实的科学基础。在城市绿地系统规划制定与实施过程中，融入生态景观规划的理念极为关键。这要求我们重视绿地系统的生态效益和综合服务能力，使城市绿地不仅作为景观的展示，更具备重要的生态价值和功能。此外，多功能绿地的设计及其综合利用成为提升城市绿地系统品质的核心。通过细致的规划和设计，我们可以最大化利用绿地空间价值，同时满足不同用户的需求，实现城市绿地功能的多样化和服务的全面覆盖。

在城市绿地系统规划阶段，我们需要将城市整体发展战略与生态环境的具体需求相融合，科学合理地规划各个功能区的空间布局和模式，构建一个和谐统一、可持续发展的城市绿地网络。在具体的建设与管理过程中，我们还应着重于生态环境的保护与恢复，采用生态工程技术和绿色植被策略，提升绿地系统的生态适应性和稳固性。通过全面且创新的做法，我们完全有信心不断提升城市绿地系统的质量和效能，促进城市园林绿化的持续进步。

四、园林植物材料与施工技术创新

（一）园林植物选材新趋势

在城市园林绿化的进程中，挑选恰当的植物材料显得尤为重要。伴随着社会的进步和公众环保意识的增强，越来越多的绿化项目倾向于使用适应当地气候、生长旺盛且对生态环境有益的植物品种。目前，园林植物的选材呈现出新的动向。

一方面，人们更倾向于选用具有地域特色的植物，这不仅有助于植物更好地适应环境，也能彰显园林绿化的地方风格；另一方面，由于气候变化等因素导致极端气候事件频发，对抗逆性强的植物需求日益上升。

同时，面对城市环境污染问题的加剧，耐污染和耐盐碱的植物也愈发受到重视。在实际的园林绿化工作中，选择这些具备特殊性能的植物，不仅能够提升城市环境质量，也有助于绿化工程的品质和可持续发展。

（二）绿化施工技术与工艺创新

在城市园林绿化的品质提升道路上，创新的绿化施工技术和工艺扮演着极其关键的角色。伴随科技的飞速发展，这些技术和工艺也在持续地进行革新与完善。传统的绿化施工方法通常面临着效率低下、成本高昂以及对环境负担较重等问题。而现代绿化施工技术创新主要致力于提升施工效率、降低成本、减轻环境负担以及提高绿化工程的质量与可持续性。在促进城市园林绿化建设的发展过程中，绿化施工技术的革新已逐渐成为一种必然的趋势。例如，随着绿化工程规模的增长，人工种植方式已不能满足现代绿化需求，自动化的绿化施工技术因此诞生。利用机械化设备和自动化系统，我们能够快速高效地完成大面积植被的绿化种植，从而极大提升了绿化工程的效率与品质。

随着绿化施工技术的创新，城市园林建设正迎来积极的发展态势。现代绿化施工不再仅仅局限于传统的挖掘、土地平整和植被种植，而是更加注重生态环境的保护与修复。例如，应用生态工程技术显著减少了绿化工程对土壤的损害，促进了植被的健康成长，增强了城市绿化的生态效益。此外，在施工方法上，采用透水铺装和生态混凝土等新型材料和先进技术，不仅优化了城市绿地的排水和透水能力，还有效缓解了城市内涝问题。

除此之外，在城市追求绿色发展的道路上，园林绿化的施工技术和工艺创新扮演着极其重要的角色。随着社会对城市绿化品质的要求日益增高，这些前沿的施工技术和工艺显得尤为关键，它们是实现可持续发展的关键所在。采纳新型材料和尖端科技，不仅提高了绿化项目的生态效益，降低了资源消耗和环境污染，也促进了城市绿化与自然环境的和谐共生。在城市园林绿化品质提升的过程中，施工技术和工艺的创新是推动行业发展的核心动力，为城市绿化事业带来了新的生机与活力。

（三）绿化维护与管理现代化

在现代城市化进程中，提升园林绿化品质的关键在于创新技术的应用与科学化的管理。随着城市化的快速推进和居民生活品质的不断提升，城市绿化任务正面临更高的标准和更为严峻的挑战。传统绿化管理模式已经不符合新时代的发展要求，因此，融合现代化技术手段已经成为提升绿化管理效率和品质的重要途径。

在城市管理的现代化进程中，信息技术的融入为绿化养护工作带来了革命性的改进。通过建立城市绿化信息管理系统，我们能够实时监控绿化资源，深入分析数据，实现智能决策，极大地提高管理的科学性和精确性。例如，利用遥感技术和地理信息系统对城市的绿化情况进行监测和评估，能够快速识别问题并及时采取有效的解决措施。此外，结合互联网和移动通信技术，还能进行绿化设施的远程操控和管理，进一步提升管理效率和应对紧急情况的能力。

在城市园林绿化的日常保养与管理工作中，智能化技术逐渐成为核心推动力。该技术通过智能监控系统的应用，能够实时监测并调整植物生长的环境条件，确保植物健康生长，同时保持园林景观的美丽。比如，通过安装传感器网络和自动化控制系统，我们能够自动监测和调整植物生长所需的关键要素，如光照、温度和湿度，以创造最佳的生长环境。此外，利用人工智能和大数据分析，绿化管理的决策和趋势预测变得更加智能化，显著提升了管理的精准度和预见性。

伴随着社会经济的持续发展和公众环保意识的增强，城市化进程中的园林养护与绿化管理正逐步迈向现代化。引入信息化管理和智能化监控系统，为城市绿化管理领域带来了新的生机与挑战，同时也推动了绿化质量的提高和可持续发展的进程。通过不断探索和创新，将前沿科技与绿化养护相融合，我们能够更高效地保护和利用城市绿化资源，为市民营造一个更加宜居和谐的生活空间。

第三节　公众参与

城市园林绿化的规划与实施，作为城市管理核心职能之一，长期以来主要由政府部门委托专业机构承担，公众参与度不高，使得大众在绿化过程中往往只能被动接受结果。这种状况造成了实际绿化效果与公众对景观和绿化需求的期望之间出现差异和矛盾。因此，探索并构建公众参与的机制与途径，加强相关制度保障，鼓励市民更直接或间接地参与到城市园林绿化的决策、建设和管理工作，正日益成为未来发展的新趋势。

一、相关概念

公众积极参与城市园林绿化的建设，这不仅是对城市规划、建设和管理的主动参与，更是对城市环境保护与管理工作的深入贡献。

（一）公众参与城市规划、公众参与环境管理

城市规划的公众参与是指在整个规划制定和审议过程中，积极鼓励广大市民，特别是那些将受到规划直接影响的人们，积极参与并发挥作用。城市规划的核心宗旨在于维护公众利益，它是政府的基本职责之一，也是一项以服务公众为核心的活动。此外，公众参与环境管理涉及公民和公私机构在公共政策或具体项目中可能对环境产生影响时，表达自身观点和意见的过程。

（二）公众参与城市园林绿化建设

当前，关于民众如何参与城市园林绿化建设的具体规定尚未出台。不过，根据现有的研究成果，有一种看法指出，公众投身于城市园林绿化建设，意味着在法律允许的范围内，大众可以通过多种方式和途径，参与到园林绿化的决策、评估、监督和管理等各个环节。这一过程不仅旨在提高公众的环保意识，也致力于确保相关部门按照法律规定行事，积极执行职责，共同促进城市生态环境建设的不断发展。

二、公众参与园林绿化建设的重要作用和困难

（一）公众的积极参与为园林绿化的建设提供了强有力的支撑，并且起到了监督作用

这种参与有助于在绿化工作的推进中及时发现并规避潜在的重大问题，从而为城市管理工作贡献了坚实的保障。

在我国的城市管理过程中，有时会出现一些观念上的误区，这些问题往往源于未能充分兼顾城市内不同利益群体的权益平衡。特别是在城市绿化建设方面，只有广泛动员市民积极参与，我们才能制定出既符合科学性又兼顾合理性的绿化标准，建立起高效的决策程序，以及健全的监管体系，确保绿化建设政策的顺利推行。这样才能促进城市绿化在生态环境、经济效益和社会发展等多个方面实现和谐共进。

（二）公众参与园林绿化建设是提高公众福利水平的现实需要

城市中的公共绿地主要分为三种类型：

首先是"纯公共产品"，这类绿地如公园和公共绿地，对全体市民开放；

其次是"集体产品"，这类绿地虽不具备消费上的竞争性，但主要服务于特定社区或群体，并且较易实施排他性措施，例如社区内的绿地；

最后是"共同资源"，这类绿地虽然存在消费竞争，但难以有效阻止他人使用，比如一些商业性质的私人公园。城市园林绿化的建设不仅优化了城市的生态环境，还提升了景观审美，城市居民是主要的受益者。一旦绿化环境遭受破坏，影响的将是整个城市的居民。

因此，公众参与城市园林绿化的建设和保护，不仅能提升个人福祉，还能促进公众整体福祉的提高。

（三）公众投身于园林绿化建设有助于提升公众对城市管理参与度的认识与积极性

推动公众深入参与城市园林绿化的决策制定、实施操作、日常管理和效果监督过程，是我国提升城市绿化建设品质的关键策略。这不仅能有效提升公民的生态保护意识与责任感，还能使他们对城市绿化工作中遭遇的挑战有更加深刻的认识。这种做法既有利于提高公众环保意识，唤起他们的参与热情，同时也充分展现了"人民参与城市建设与管理"的治理宗旨。

（四）传统的城市管理方法与现代城市的发展需求不相匹配

在我国城市化进程中，政府的作用和责任得到了显著提升，但对于公众的

角色和功能，目前仍处于较为宏观的描述，缺乏具体和详尽的界定。这种情况导致市民在试图参与城市管理时，往往缺乏充分的法律依据。同时，当市民行为出现负面趋势时，也缺少明确的法律责任规定。受我国城市管理机制的影响，公众往往表现出对政府的过度依赖。此外，由于我国城市管理与建设长期以来主要由政府主导，政策制定、资金分配和执行细节大多遵循政府部门的意图，这在一定程度上降低了公众参与的积极性，并限制了公众个性化表达的途径。

（五）公众参与途径不足及参与意识的缺失

在我国城市建设与管理中，公众参与通常通过咨询、征询设计方案，举办听证会和进行民意调查等方式实现。然而，这些参与方式往往浮于表面，效果具有不确定性，参与人数也相对有限，导致实际效果并不明显。公众参与的成效在很大程度上受到市民整体素质的影响。但现实情况是，由于缺乏对公众的有效引导和教育，许多市民对于城市规划、建设和城市生态等方面的知识掌握不足，这限制了他们更深层次地参与。

（六）城市园林建设中的各方利益存在分歧

城市园林绿地作为面向大众的开放空间，其公共性、共享性和非排他性是其基本属性。但考虑到政府在提供公共服务方面的能力有限，以及市场经济条件下个人和企业对成本效益的考量，仅靠政府或单一实体的努力，难以充分满足人们对良好环境和生态保护需求的日益增长。因此，公众在环境保护和提供环境产品方面的共同参与显得至关重要。在城市公园的规划、建设与设计中，政府管理者、设计师和公众都承担着各自的角色，这些不同的利益诉求往往会导致各方之间的意见分歧。政府管理者可能更加关注土地的利用效率、成本的控制及政绩的展现；设计师可能更倾向于从审美和个人喜好出发进行设计；而公众则更加注重公园的实际使用价值、便利性和持久性。如果缺乏公众的积极参与和有效的沟通协调机制，公园项目在完成后很容易引发争议和冲突。

在我国城市化进程中，我们遭遇了许多挑战，其中较为显著的是公民参与度不高的问题。这一状况警示我们，需要深入思考如何构建一个高效的公民参与机制，并探索多样化的参与途径。

虽然我国公众在城市建设和管理的参与历史上相对较短，相关制度也在逐步健全之中，但是推进公众参与城市绿化工作仍然需要分阶段逐步展开。然而这并不代表我们可以停止前进。我们需要持续奋斗，采取多样化方法提升公众的参与意识，增强实际操作技能，积极研究和确立与我国实际情况相契合的城市园林绿化建设与管理公众参与策略，以充分发挥公众参与的积极效应和关键作用。

1. 构建健全的城市管理法律法规体系

我们应当全面确认公众在环境管理与城市管理中享有的各项权利，包括但不限于知情权、决策参与权、监督权、自卫权、索赔权和诉讼权等。为了保障这些权利的实现，需要制定具体的保护措施。因此，建议我国出台相应的法律法规，规定公众在环保方面的责任和义务，并且设置相应的罚则，以此来进一步界定和细化城市园林绿化的管理职责和权限。

2. 构建健全的听证会体系

建立完善的听证制度，对于重大园林绿化项目的决策、规划、建设及管理，应进行详尽的调研与跟踪，广泛征集社会各界的意见。参会人员应包括项目所在地区的社会团体成员、人大代表、政协委员、民主党派成员及公众代表等。与会者应对项目的规划设计方案提出个人看法和建议，确保听证过程的"公平、公正"。在挑选公众代表时，需综合考量其地域分布、职业背景、专业知识、表达能力和受项目影响的程度等因素，确保代表的广泛性和意见的多样性。建设与管理单位应认真听取这些意见，并在项目方案中做出合理的调整，确保最终方案能够充分反映公众的诉求和建议。

3. 激励机制

激励机制是促使大众积极参与的核心策略。政府在增加对城市园林绿化的资金支持的同时，还应设立一项专门基金。该基金旨在实现两个目标：

一是对个人和机构在城市园林建设与保护过程中可能遭遇的利益损失给予补偿；

二是用于奖励那些在相关领域作出杰出贡献的个人和机构，以此鼓舞公众的信心并提升他们的参与热情。

4. 更新城市管理部门的思维理念

城市管理当局应当深刻认识到，真正把握市民的实际需求，必须依靠公众的广泛参与。他们应当摒弃那些超越职责范围的过多干预以及因种种因素导致的管理盲点，告别过去以行政为中心的管理思路。管理者需突破传统封闭的管理框架，积极调整在城市建设尤其是园林绿化环节中各参与方的角色与职责，以最大限度调动和引导公众参与的积极性。

5. 大众观念的自我更新

作为公民，我们享有参与社会管理的根本权利，这是我国法律所明确赋予的。这种参与不仅是一种权利，更是一种激励，使我们积极投身于城市管理之中。我们不能仅仅满足于被动接受城市管理的安排，对城市绿化与建设的漠视态度亟须改变。我们应当广泛动员有代表性的个人、社会团体以及具有远见的市民，投身于城市绿化决策、管理和监督的各个环节。必须纠正那种将城市绿化仅看作政府责任，而与民众无关的偏见。我们应积极倡导政府将城市绿化建设和管理的一部分权力与责任下放给公众，让公众有机会参与决策，提升自我服务能力，同时为政府分担压力。

6. 探寻多种可能的途径

（1）以园林绿化的评价为着手点，深入基层群众中进行翔实调研，激发公众的积极参与热情，确保其实际效果的发挥。

在园林绿化的项目策划阶段，广泛收集和了解民众的意见具有极其重要的意义。这样做不仅能够鼓励民众积极参与项目的决策和监督，而且这也是项目成功推进的关键因素之一。因此，我们应当采用问卷调查或直接面对面访谈的方法，向参与者全面介绍项目的基本情况，确保他们能够在掌握充足信息的基础上，提出自己的观点和有价值的建议。在项目的执行过程中，公众的监督同样不容忽视。项目完工后的验收阶段，公众的评价和反馈也是不可或缺的一环。调查人员需要对收集到的数据进行详尽的统计分析，并依此完成研究报告。研究报告的成果应迅速传达给建设、设计、施工等相关部门，以便他们能够充分考虑公众的反馈意见。

（2）增强公众的权益保护意识，实施有效的监督和投诉机制。

通过宣传和教育等措施加强公民素质的提升，增强公众的权益保护意识。城市园林绿化的建设和管理牵涉众多部门和单位，有时个别部门可能为了自身的利益而损害园林绿化的成效。由于部门间存在复杂的利益关系或是管理权限的限制，园林绿化管理部门往往难以对其他部门的不当行为进行有效的责任追究，致使一些破坏行为未能得到妥善处理。面对这种情况，公众的积极参与显得尤为重要。公众应当主动参与到园林绿化及其设施的保护工作中，一旦发现违法行为，应及时向更高层级的部门投诉或举报，必要时还可通过法律手段来捍卫自己享受高质量城市生态环境的权利。

（3）倡导并激励非官方机构和民间团体主动参与监督工作，发挥其作为反映民众意见和需求的重要渠道作用。

西方国家的经验显示，有效的公众参与并不局限于个人行动，而是更多地依靠有组织的非盈利机构、企业及社区代表来推动。虽然个人的参与不可或缺，但其影响力和代表性相对有限，个人意见往往难以得到充分重视。因此，在推动公众参与的过程中，构建合理的组织架构和运行机制至关重要。以美国为例，环保类非政府组织（NGO）众多，数量从几千到数万不等，它们的积极参与极大地提升了政府决策的质量和效率。这些非政府组织不仅作为公众与政府间的沟通桥梁，促进双方信任的建立，同时也充当了公众意见的传递者和意愿的代表，成为知识与观点的重要来源。除此之外，这些组织还致力于调解利益冲突，促进合作性决策的制定，对公众进行环保教育，并在听证会和研讨会中代表公众发声，负责收集、整理和传达公众的意见与立场。

（4）采用当代传媒技术，提升信息发布的强度，利用舆论引领功能。

积极运用报纸、电视、广播及互联网等多样化的现代传播手段，增强城市园林建设与管理信息的传播力。定期向市民公布本区域园林绿化的最新动态和长远规划，透明公开面临的难题及解决措施，以此争取公众的理解和支持。此外，借助媒体渠道搜集民众的意见与建议，建立起政府部门与公众之间的信息交流与反馈体系，提升沟通的透明度。这不仅能及时回应民众的需求，优化部门工作，还能增强公众对政府的信任，保证部门决策更加公正、公平、科学、合理。

第四节　城市园林绿化政策与法规

一、城市园林绿化政策的确立与推行

（一）比较国内外城市绿化政策的差异研究

世界各国高度重视城市园林绿化政策的制定与执行。观察不同国家的绿化政策，可以发现它们在政策方向和具体实施措施上各有千秋。在欧美等发达国家，城市绿化政策更倾向于生态环境保护和可持续发展，推崇绿色低碳的城市建设理念。这些国家通常通过严格的法规和财政补贴来推动绿化进程，旨在提高城市生态环境的质量。相较之下，中国的城市绿化政策与城市发展阶段、政府指导和经济增长需求密切相关，注重城市景观的打造和城市形象的提升，同时也在逐步强化对环境保护和可持续发展的关注。通过比较研究城市绿化政策，我们可以汲取各国的成功经验，为我国城市绿化政策的制定和执行提供有益的借鉴和启示。

（二）制定城市园林绿化政策的过程及其贯彻落实的运作机制

城市园林绿化政策的制定是一个涉及多方力量、考量诸多因素的复杂过程。在这个过程中，政府部门扮演着核心角色，负责协调各方资源，明确政策目标和实施方案。通常，政策制定的第一步是对当前城市绿化状况进行全面的调研与分析，以准确把握现状及面临的问题。随后，政府部门会组织专家、学者及相关行业人士召开会议，共同探讨并初步拟定政策方案。在此期间，公众的参与同样重要，他们可以通过参加听证会、提交意见书等形式，表达自己的观点和建议。方案初稿完成后，相关部门会对政策草案进行评估和审查，确保其实际可行性和预期效果。最终，经修订完善的政策文件将由政府部门正式发布，并附带详细的实施指南，以确保政策的有效落实。

城市绿化政策成功与否，关键在于执行机制的运作效率。通常，政府部门会设立专门的机构或委员会，专门负责推动和监管绿化政策的落实。这些机构下设有不同部门，各自负责绿化工程的施工、植被维护管理和绿地的日常护理工作。为确保政策得到有效执行，政府还建立了明确的绩效评估体系和审核程序。同时，政府也大力倡导社会各界参与其中，以增强公众的环保意识和责任感。在此过程中，宣传教育的作用同样重要，政府需采用多种方式普及绿化政策，呼吁市民共同参与到城市建设中来。优化城市绿化政策的执行机制，对于提高绿化品质、促进城市的可持续发展起着至关重要的作用。

二、城市绿化法规的结构及其具体内容

（一）城市绿化法规体系构成剖析

城市绿化法规在指导和管理城市园林建设方面扮演着极其重要的角色。这类法规主要由总则、正文和附则三大部分构成。在总则中，法规明确了立法的目标、适用领域以及必须遵守的基本原则，为后续条款奠定了法律基础并指明了方向。正文作为法规的核心，具体阐述了绿化规划、标准制定、树木栽植和公园建设等方面的详细要求，确保了城市绿化工作的系统化管理。至于附则，它主要涉及法规执行时的具体细节和附加说明，例如违规的处罚措施和执行机构等，为法规的实际操作提供了指导。法规的结构设计是否科学合理，会直接影响其执行成效和操作性。因此，在制定或修订城市绿化法规时，注重各个部分之间的逻辑联系和有效对接是非常关键的，这有助于确保法规体系的全面性和实用性。

（二）明确法律法规的具体内容，并探讨其对园林绿化工作的实际指导意义

城市绿化法规在指导实际绿化工作中发挥着至关重要的作用。这些法规一般包括城市规划中的绿地布局、绿化标准的设立、植物的栽种、绿地保护措施及绿化设施建设等多项条款。在具体实施城市绿化过程中，这些法规不仅为政府部门及有关机构提供了行为准则，而且为城市绿化建设提供了明确的发展方向和具体的操作指导。

首先，在城市绿化法规体系中，城市规划绿地的相关条款构成了制定绿化规划蓝图的基石。这些法规明确了城市绿地的布局位置、功能定位及景观设计等标准，为城市绿地规划工作提供了法律支撑，确保了城市绿地能在城市规划中得到科学合理的配置和高效利用。这些规章制度不仅有助于提升城市绿地的整体质量，还能有效减轻城市环境压力，增强居民的生活品质。

其次，城市园林建设法规中，绿化标准占据着极其重要的地位。这一标准

主要涵盖了绿地建设的具体规范、植被搭配的指导方针，以及景观设计的核心要素。它为城市的园林建设提供了明确的技术准则，确保了绿化工程的高品质与实效性。此外，绿化标准的制定还进一步增强了城市绿地的可持续发展能力，推动了城市生态环境的持续改善和提升。

除此之外，城市园林绿化法规中关于植物种植的规定极为重要。这些规定通常涉及植物品种的选择、植物配置的原则及植物养护的措施等方面。通过制定和执行这些规范，法规不仅确保了城市绿地的生态效益和美观效果，还提升了城市绿化的总体水平。同时，合理的植物配置有利于维持城市生态系统的平衡，增加城市绿地的生物多样性，从而进一步优化城市的生态环境质量。

城市园林绿化的法规对绿地的保护与管理进行了细致的规定。这些规定明确了绿地的保护界限、管理职责以及对违法行为的处罚措施。得益于这些完备的条款，法规为绿地的常规保养和管理提供了坚实的制度支持，确保了绿地资源的长期性和可持续利用。此外，恰当的规章制度也有助于增强城市绿地的使用效率，充分发挥其在生态环境与经济方面的价值。

城市绿化法规对绿化设施的构建制定了全面的规范，涵盖了设计规范、建设标准以及后续的养护管理等多个环节。这些法规的实施旨在提升城市绿地的功能性与美观性，为市民打造高品质的休闲与娱乐空间。遵循这些规范进行建设，不仅能显著增加绿化设施的使用寿命，还能有效降低长期维护的经济负担。

第六章　滕州市城市园林绿化品质提升实践

第一节　贯彻"精致城市"理念，深化城市品质提升

滕州市积极响应创建国家园林城市的号召，致力于将提高城市品质与园林绿化建设紧密结合。通过出台并执行《滕州市深化城市品质提升三年攻坚行动实施方案》，明确了提升城市园林绿化品质的具体目标和任务，这为后续工作的有效推进奠定了坚实的基础。

一、秉持全局观念，注重规划先行

滕州市在提升城市园林绿化品质的过程中，始终遵循系统化理念，并将规划引领作为关键环节。为了增强绿化工作的效率与精准度，该市实施了"1+1+1"管理模式，即每个绿化项目都由一家专业设计机构与一名资深技术现场人员联合负责。这种模式确保了项目团队能够迅速应对现场状况，制定出针对性强、操作性高的专项园林绿化优化方案。

滕州市的绿化规划充分考虑了不同区域的绿色需求，同时深入分析了当地的气候条件和人文特色，确保了绿化项目的科学性和适宜性。该市采用精细化的管理手段，有效提升了园林绿化的整体品质，为城市园林绿化品质的提升树立了典范，并为相关工程提供了坚实的支持。这一策略不仅提高了工作效率，还确保了绿化项目的品质和成效，使得滕州市的城市景观更加宜人，并为市民增添了丰富的绿色休憩场所。

除此之外，滕州市在绿化建设中积极贯彻生态理念，注重生态平衡和生物多样性的保护。在植物选择方面，优先使用本地物种，以减少外来物种可能造成的生态风险。滕州市还特别关注雨水的回收利用，通过建设雨水花园和透水性地面等设施，有效缓解了城市内涝问题，提升了水资源的利用效率。这些措施不仅加强了城市的生态功能，还增加了市民对绿色生活方式的认同感和参与度。

在实施绿化工程的过程中，滕州市强化了对绿化项目的监督管理与成效评

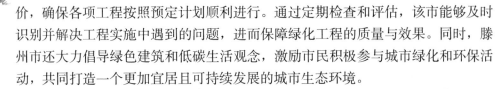
价，确保各项工程按照预定计划顺利进行。通过定期检查和评估，该市能够及时识别并解决工程实施中遇到的问题，进而保障绿化工程的质量与效果。同时，滕州市还大力倡导绿色建筑和低碳生活观念，激励市民积极参与城市绿化和环保活动，共同打造一个更加宜居且可持续发展的城市生态环境。

二、聚焦高品质发展，着力提升园林品质

滕州市致力于提升城市绿化与美化的水平，遵循高标准设计、优良建设品质和精细质量管理原则。该市将园林绿化的品质优化与城市基础设施，如道路、公园、广场等的升级改造紧密结合，推出了一系列城市品质提升工程。在此过程中，滕州市不仅关注植物景观的美观与生态效益，还积极融入海绵城市建设理念，努力在城市建设中实现雨水的自然收集、渗透和净化。凭借这些综合措施，滕州市的城市绿化质量显著提升，为市民营造了一个更加舒适宜人、生态平衡的生活环境。

滕州市把园林绿化的可持续发展放在重要位置，致力于选择与当地气候和土壤相匹配的本土植被，以减少对外来植物的依赖，有效减轻生态风险。同时，该市巧妙地将本地文化特色融入园林建设，创建了具有地方特色的主题公园和文化广场，既美化了城市景观，又增强了市民对本土文化的认同。此外，滕州市还积极尝试智能化管理园林的方法，利用物联网、大数据分析等先进技术，对城市绿地进行实时监控和高效养护。这些举措极大地提升了城市园林绿化的质量，为城市的长期发展打下了坚实的基础。

三、提升功能与品质，促进"宜居"环境的建设

滕州市致力于提升城市园林绿化的品质，不仅着重扩展绿化区域和丰富植物种类，更注重提高园林绿化的实用功能，以营造更加适宜居住的生活环境。为此，滕州市实施了一系列有效的措施。首要之策，便是系统性地对城市公园进行梳理和综合评估，建立了包含公园位置、面积、公共设施以及相应服务设施详细信息的公园建设档案，为公园的持续管理和升级提供了可靠的数据支撑。

滕州市在提高园林绿化质量的过程中，恪守政府主导的根本原则，积极调动各政府机构间的协作能力，成功打造了一个多方面参与的共治体系。政府部门间的紧密合作确保了各项任务的顺畅实施。此外，滕州市主动引领和鼓励社会各界参与其中，运用多样化的合作方式，共同促进园林绿化工作的整体提升。

滕州市致力于提高居民生活品质，尤其注重公园无障碍设施的提升工作。经过周密策划和精心设计，该市对公园内的现有设施进行了全面优化升级，确保无障碍设施完备。这些改进措施包括增设便捷的无障碍通道、坡道、电梯及扶手

等，极大地提升了公园的便利性，特别是为老年人和残疾人等特殊群体带来了极大的出行便利和生活舒适度。

滕州市积极提升公园的休闲娱乐功能，通过增加儿童游乐设施、健身设备和休闲座椅等，满足各个年龄段市民的需求。同时，滕州市也非常重视公园的生态价值，通过种植本地树木和引入观赏性强的外来植物，增强了公园的生物多样性。在提升公园品质的同时，滕州市还加大了对公园环境的维护力度，定期实施绿化养护和清洁作业，确保公园环境的干净和美丽。通过这一系列综合措施，滕州市成功实现了城市园林绿化品质的提升与市民日常生活的紧密结合，为市民提供了一个更加舒适、便利、美观的生活空间。

第二节 滕州市城市园林绿化品质提升成效分析

滕州市在提高城市园林绿化品质方面取得了显著成果。首先，通过科学的规划和合理的布局，滕州市显著扩大了公园绿地的面积，大幅度提升了绿地率和绿化覆盖率，不仅为市民提供了更多的休闲娱乐场所，也大大改善了城市的生态环境。其次，滕州市非常重视生态建设，通过引入多种植物种类，不仅增加了城市生物的多样性，还增强了绿地系统的生态功能。此外，滕州市还加强了园林绿化的维护和管理工作，保证了绿地的长期健康生长。通过这些措施，滕州市的城市园林绿化品质得到了全面提升，为市民创造了一个更加宜居的生活环境。

滕州市致力于绿化创新，采纳前沿园林设计理念，打造了各式主题公园和生态长廊，既美化了城市风貌，又为市民提供了亲近自然的休憩场所。市内重视本土植物的繁殖与应用，增添了绿地的地方文化特色，同时增强了生态效益。滕州市还积极推广绿化知识，增强公众对绿化工作的重视，形成了全民参与绿化的良好风气。这些举措大大提高了城市的绿化水平，为居民营造了一个更加宜人、健康的生活空间。此外，通过开展植树节、花卉展览等多样化的绿化活动，激发了市民的环保热情，让城市绿化成为大众共同参与的事业。这些措施不仅提升了城市形象和居民生活质量，也为打造更加和谐优美的城市环境做出了重要贡献。

第三节 其他城市园林绿化品质提升案例借鉴

除了滕州市之外，还有许多国内外城市在园林绿化品质提升方面取得了显著成绩。在本节中，我们将精选一些具有代表性的城市进行深入分析，探讨它们在提升园林绿化品质过程中所采取的有效策略和方法，目的是为其他城市的绿化建设和发展提供宝贵的经验和参考。

一、国外城市园林绿化取得显著成效的案例分析

新加坡作为一个高度发展的城市国家，以其独具特色的绿化管理模式闻名于世。该国政府依托一系列法规，如《城市绿化与景观规划法案》，建立起了全面的绿化管理体系。新加坡的绿化工作不单单局限于道路和公园，更是深入到了建筑设计的各个层面，形成了其特有的城市绿化风格。此外，新加坡政府鼓励社区参与，通过开展多种绿化活动，提高了公众对绿化工作的认识和参与度，共同营造了一个生机勃勃的绿化环境。这一系列成功实践，为全球其他地区的园林景观建设提供了宝贵的借鉴。

京都，这座日本的历史名城，以其浓郁的古韵和独特的园林艺术闻名于世。在城市规划和设计中，京都高度重视维护传统园林的独特魅力，巧妙地将古典文化与现代城市风貌相结合，既营造了绿色城市环境，又保留了那份古典而优雅的风采。京都园林设计不仅仅是植物搭配，更是对文化底蕴的传承与展示，为这座古城描绘了一幅独具魅力的文化画卷。

伦敦，作为欧洲的典型都市，其在园林绿化的成就同样备受瞩目，成为世界各地城市的借鉴典范。这座城市遍布着众多生机勃勃的公园和广场，如海德公园和皇家植物园，这些公共绿地不仅为市民提供了丰富的休闲去处，而且在改善城市气候、净化空气质量方面起到了关键作用。伦敦政府积极推动绿化项目，鼓励民众绿色出行，倡导绿色建筑理念，致力于打造一个生态友好的居住环境。伦敦的成功之道，为其他城市提供了极具价值的参考和学习的榜样。

二、国内城市园林绿化典型案例分析

（一）北京市城市园林绿化案例

北京，作为中国的政治心脏，以其卓越的城市园林艺术而享有盛名，其中颐和园无疑是这座城市中最耀眼的瑰宝。这座清朝时期的皇家园林不仅蕴含着深厚的文化底蕴，更代表着我国古典园林艺术的巅峰成就。颐和园凭借其独到的规划布局和精湛的园林技艺，每年吸引着无数游客与学者慕名而来，以一睹其非凡风采和进行学术研究。它巧妙地将南北园林的精华融为一体，实现了山水与建筑之间的完美和谐，展现了中国古典园林的无尽魅力。深入研究颐和园，我们能更深刻地感受到北京在城市园林建设方面的卓越成就和独特韵味。

（二）上海市城市园林绿化案例

上海，作为中国的经济中心及全球著名的大都市，其绿化建设备受关注。这座城市在推进可持续发展的过程中，积累了丰富的绿化经验和创新成果。上海的

园林景观实例不仅展现了其深厚的历史文化底蕴，还融合了现代理念和先进科技，为市民营造了宜人的生态环境和休闲场所。上海的园林绿化成功案例及其实践经验，为其他城市提供了学习的典范，助力我国城市绿化建设的整体进步。

（三）深圳市城市园林绿化案例

深圳市作为中国改革开放的先锋城市，其城市园林绿化建设始终受到广泛关注。深圳市在城市规划中极其重视绿化的作用，通过持续的创新与改进，积累了大量成功的实践经验。深圳湾公园就是其中一个典型的成功案例。深圳湾公园占地约135公顷，是一个融合了休闲、娱乐、运动和文化功能的综合性城市公园。园内广泛种植了多种热带植物，如棕榈树和橡胶树等，营造出独特的热带风情。此外，公园通过引入水景设计，如人工湖和喷泉等，不仅增强了公园的景观吸引力，还为市民和游客提供了一个理想的休闲和健身空间。

深圳中心公园，镶嵌在繁华都市的核心区域，占地约83公顷，宛如一颗翡翠点缀在城市的喧嚣之中，为人们提供了一片宁静的绿洲。公园以茂密的绿色植被闻名，高大的树木在夏日为游客遮阳挡雨，带来丝丝清凉和宁静，仿佛将人们引领至一个远离尘嚣的自然世界。此外，公园内配备了各式健身器材和休闲设施，旨在满足市民多样化的休闲和健身需求，使其成为一个备受欢迎的户外休闲活动场所。

深圳市秉持创新理念，在园林城市建设上不断追求绿化品质的提升，积极探索与地域特色融合的绿化模式。深圳湾公园、深圳中心公园等标志性工程不仅大幅提高了城市绿化标准，更为市民及游客打造了宜居宜游的生态乐园。深圳园林建设的成功案例，既为其他城市树立了学习的榜样，也展示了中国城市化进程中绿化建设的新高度和独特风采。

三、案例对比分析与启示

通过深入比较分析国内外城市园林绿化的经典案例，我们能够汲取众多宝贵的经验和教训。在国外的杰出案例中，我们可以看到他们非常重视园林绿化的设计创新和远见，积极推崇生态环境友好和可持续发展的理念。这些案例在规划阶段就将环境保护和生态平衡置于核心位置，旨在提升城市美观度的同时，最大限度地减少对自然环境的负面影响。而国内的城市园林绿化案例则更多地关注景观美化和休闲功能的增强，力求实现视觉效果与实用性的统一，努力为市民打造更多休闲娱乐的场所。

经过对比分析，我们意识到在绿化设计、植被筛选及绿化维护等领域，我们仍有很大的进步空间。国际上，绿化设计通常更重视物种的多样性和生态系统的平衡，这应成为我们努力追求的目标。在选择植被方面，国际园林城市倾向于优先选用本土植物和适应能力强的外来植物，这样做有利于生态系统的稳定性和持续发展。而我国在植被选择上，往往更注重追求新颖和视觉上的美感，有时却忽略了对植物生态适应性和长期维护经济性的考量。

在国际大都市的绿化管理实践中，他们高度重视运用科学的管理策略和精细化的养护手段，借助先进的科技力量，力求实现绿化效果的持久稳定与生态环境效益的最大化。相较之下，我国在绿化管理领域仍有较大的提升潜力，尤其是在养护细节和长期维护方面，迫切需要提高管理水平和技术能力。

在城市园林绿化的未来发展过程中，必须将创新与可持续性的设计理念作为核心导向，以实现景观美观与生态环境的和谐共生。这要求我们从规划阶段开始，就深入实施生态保护和可持续发展的原则，旨在提升城市外观美感的同时，确保自然生态的健康发展。此外，强化科学研究和技术创新，提高绿化管理的科学性与精确度，对于提升城市园林绿化的品质至关重要。通过采取这些策略，我们有望在城市园林绿化的发展进程中取得显著成效，为居民营造一个更加美观、健康、宜居的城市环境。

第七章　城市园林绿化面临的挑战与机遇

第一节　城市园林绿化面临的挑战

城市园林绿化作为城市生态系统的关键部分，正面临多方面的挑战。气候变化对城市园林绿化构成了重大威胁，频繁出现的极端天气事件导致城市绿地遭受严重损失，给城市绿化带来了巨大的压力。同时，土地资源的日益紧缺成为制约城市园林绿化发展的主要障碍，土地使用的矛盾导致城市绿地面积持续减少，亟须寻找有效的解决途径。另外，生物多样性的减少也是城市园林绿化面临的重要问题。随着城市化进程的加快，生物多样性的流失对城市园林绿化的可持续发展构成了严峻挑战。因此，如何在应对气候变化、缓解土地资源紧张和保护生物多样性的同时，推动城市园林绿化的健康发展，已成为当前亟须解决的关键问题。

一、气候变化对城市园林绿化的影响

（一）气候变化引发的极端气候现象正对城市绿地造成严重破坏

气候变化给城市园林绿化带来了前所未有的挑战，特别是极端天气现象的频繁出现，其对园林绿化的破坏作用尤为显著。随着全球气温的持续升高，城市绿地频繁遭受极端气候条件的冲击，包括强降雨、持续干旱和猛烈风暴等。这些极端气候条件不仅直接破坏了绿地中的植被和基础设施，还严重打乱了生态系统的平衡运作，影响了植物的常规生长和根系的稳固性，并可能引起洪水、土壤侵蚀等一系列问题。极端天气事件对城市绿地的侵害，增加了园林绿化养护工作的难度，并强调了在城市绿地设计与规划过程中必须更加注重气候变化的紧迫需求。

（二）城市绿化在应对和减轻气候变化方面发挥着关键作用

城市绿化在应对和减缓气候变化方面具有至关重要的作用。一方面，增加绿化覆盖和提升城市的蓄水能力有助于减缓城市热岛效应，降低高温天气对居民生活的影响。另一方面，绿化有助于净化空气中的有害物质，提升空气质量，进而

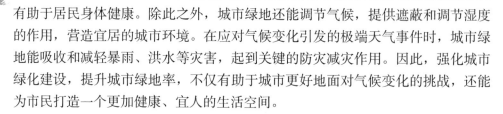

有助于居民身体健康。除此之外，城市绿地还能调节气候，提供遮蔽和调节湿度的作用，营造宜居的城市环境。在应对气候变化引发的极端天气事件时，城市绿地能吸收和减轻暴雨、洪水等灾害，起到关键的防灾减灾作用。因此，强化城市绿化建设，提升城市绿地率，不仅有助于城市更好地面对气候变化的挑战，还能为市民打造一个更加健康、宜人的生活空间。

二、土地资源紧张下的城市园林绿化策略

（一）土地使用上的矛盾及城市绿色空间比例的减少问题

随着城市化进程的加快，城市土地资源变得日益稀缺，园林绿化的用地冲突和绿地面积的减少问题愈发突出。大量土地被征用作为住宅、商业及基础设施，使得可用于绿化的空间大幅缩减。这不仅影响了城市绿地的规划与建设，还加剧了绿地资源的不足。城市绿地面积的减少，对居民的生活品质和城市生态环境的平衡产生了不利影响，降低了城市调节气候、改善空气品质的功能，同时也损害了城市生态系统的稳定性和抗灾能力。在这种土地资源紧张的形势下，寻找解决城市绿化问题的途径，已成为当务之急。

（二）创新型城市绿化解决方案：立体绿化和微型公园

创新的城市绿化策略主要围绕立体绿化和微型公园的建设。所谓立体绿化，即采用建筑物的墙面和屋顶等立体空间进行植被覆盖，这种方法能高效地使用空间，扩大城市绿色面积，优化城市生态环境。而微型公园则是在城市中打造小型绿色休闲区域，为居民提供放松身心的空间，同时也缓解了城市绿地短缺的问题。这两种创新的城市绿化方法在提高城市生态环境质量、提升绿化覆盖率方面起到了关键作用。通过精心的规划和设计，立体绿化与微型公园不仅充分利用了宝贵的土地资源，还增强了城市绿化的美观性和实用性。面对当前城市园林绿化的挑战，这些创新方法为城市绿化的发展开辟了新的方向，对促进城市绿化的可持续发展具有深远的影响。

三、生物多样性丧失对城市园林绿化的挑战

（一）在城市化推进的过程中，生物多样性正面临着逐渐减少的趋势及其所带来的广泛影响

在城市化进程中，生物多样性的减少成为城市园林绿化面临的一项重大挑战。随着城市扩张速度的加快，许多原本丰富多样的自然生态系统遭受了破坏和分割，导致大量物种失去了栖息地和生存环境。这种生物多样性的减少不仅扰乱

了城市绿地内部生态系统的平衡，还对整个城市生态系统的稳定性与可持续性构成了严重威胁。此外，生物多样性的减少还会导致生态系统功能的退化，影响植物和动物种群的健康状态，减弱自然界的病虫害控制能力，最终影响城市居民的生活质量和健康水平。因此，保护和提升城市绿地的生物多样性，已成为当前城市园林绿化工作中亟须解决的关键问题之一。

（二）提高城市绿地生物多样性的方法与实践

提高城市绿地生物多样性的途径与实践涉及多个方面：增加植物种类的多样性，创造适宜生物栖息的环境，强化生态系统功能的恢复与保护，优先使用本土植物进行种植，减少化学物质的使用，推广自然生态过程，加强生物多样性的监测与评估，以及普及生物多样性教育和宣传。在实际操作中，可以通过设立生物多样性保护区、实施植物的异地保护、在城市绿地规划与建设中融入生物多样性保护的理念、动员市民参与生物多样性监测与保护活动、推进生态修复和栖息地重建等措施来实现。此外，政府、企业和社会组织之间的合作对于提升城市绿地生物多样性至关重要，各方需共同努力，以达成生物多样性保护的目标。

第二节　城市园林绿化面临的机遇

一、绿色发展理念的普及与推广

（一）国际视角下的绿色发展战略

随着全球化步伐的加快，倡导绿色发展理念已经成为世界众多国家的共识和行动纲领。站在全球的高度来看，实施绿色发展战略不仅需要在各行各业中进行创新与合作，而且城市绿化和园林建设，作为推动城市可持续发展的核心环节，同样受到了广泛关注。通过国际交流与合作，各国可以共同探讨如何在园林城市建设中贯彻绿色发展理念，分享成功经验，并共同应对各种挑战。国际绿色发展战略不仅促进了园林城市建设技术和观念的全球传播，更为城市绿化事业的发展开辟了新的视野和可能性。在这一战略的引领下，各国可以共同制定绿色发展目标，共享资源与智慧，共同推动园林城市建设向更加可持续和宜居的方向发展。

（二）绿色发展理念在城市园林绿化中的应用案例

在城市园林绿化的实践中，坚持绿色发展理念对于推动城市的可持续发展至关重要。新加坡作为一个高度城市化的岛国，通过推行大型的城市绿化计划，成功塑造了"花园城市"的国际形象。在这一过程中，新加坡专注于绿色植物的种植与保养，利用前沿的绿化技术，打造了富有本土特色的城市风貌。这些措施不仅显著提高了居民的生活质量，也为城市增添了独特的风采。同样，日本京都的"城市绿肺"计划也是一个典范。该计划通过在市区广泛开展植树造林活动，不仅优化了城市生态环境，还吸引了大量游客，促进了当地经济的繁荣。这些案例有力地表明，将绿色发展理念融入城市园林绿化中，有助于实现环境保护、经济增长和社会福祉的全面提升。

（三）绿色发展理念推广的挑战与对策

在城市园林绿化的绿色发展理念推广过程中，我们面临着诸多挑战。一方面，大众对绿色发展理念的认知和接受程度不足，缺乏必要的环保知识和意识；另一方面，传统的城市建设与规划过于注重经济效益和速度，未能充分融合绿色发展的理念。同时，部分地方政府在政策制定和执行中，出现了政策不统一和执行力度不足的问题，这为绿色发展理念的普及带来了阻碍。为应对这些挑战，我们可以采取以下策略：首先，提升公众的环保教育水平，增强市民对绿色发展理念的理解和参与热情，倡导绿色生活模式。其次，构建完善的政策体系，确保绿色发展理念在城市规划、建设及管理全过程的贯彻实施，保持政策的连贯性和稳定性。再次，强化各级政府间的沟通与合作，共同推动绿色发展理念在城市园林绿化领域的实践与推广。通过这些措施，我们有望有效解决绿色发展理念推广过程中的难题，推动我国城市园林绿化事业向更高层次发展。

二、科技创新在城市园林绿化中的应用

（一）先进技术在园林绿化中的应用

在城市绿化的建设过程中，应用先进的科技手段对于增强绿化效果和提升管理效率发挥着不可或缺的作用。伴随着科技的飞速发展，众多高新技术不断融入园林绿化的实践中。其中，遥感技术尤为突出，它能够对城市的绿化覆盖和植物生长状况进行即时监测与分析，为城市园林的规划和管理提供了坚实的科学支撑。同时，无人机的运用也为城市绿化作业开启了新的视角，它们能够进行空中侦察，快速地采集大量绿化数据，极大地推进了城市绿化规划和设计的进程。

随着科技进步，智能化灌溉在园林养护领域的运用越来越广泛。这种灌溉系统通过分析土壤湿度、气候状况等多种信息，自动调整水量，显著提升了浇水的效率，实现了水资源的节约，同时降低了管理成本。智能灌溉技术的推广，不仅提高了园林绿化的水资源使用效率，也对植被的健康成长和绿化品质的提高产生了积极影响。

在城市园林绿化的进程中，生物工程技术扮演着至关重要的角色。它培育出了既适应力强又具备优异抗逆性能的植物种类，有效地应对了城市环境带来的诸多挑战，极大提升了植物的成活率和生长品质。此外，生物工程技术还充分发挥植物的特殊功能，对土壤进行改良，净化空气，为城市绿化贡献了更为丰富的生态效益。

随着人工智能和大数据等前沿技术的飞速进步和普及，园林绿化行业正在经历一场革命性的创新变革。人工智能技术的引入，让园林设计变得更加智能化和自动化；同时，大数据分析技术的运用，也让绿化效果和管理需求的预测变得更加精准。这种高科技的融合，无疑将显著提升园林绿化工作的效率与品质，推动城市绿化向着智能化和可持续发展的方向不断前进。

（二）科技创新对园林绿化效率与质量的提高

在城市绿色发展的进程中，科技创新扮演了极其关键的角色，它显著提升了绿化工作的效率和质量。通过引入智能灌溉系统、植物生长监测技术及绿化施工机器人等前沿科技，使园林管理者得以更加精准和高效地对绿化区域进行维护与管理。这些高科技的应用，不仅极大提升了作业效率，还在资源节约和人力成本降低方面取得了显著效果。此外，科技创新还为提高绿化质量提供了支撑，保障了植物的良好生长和景观的长期美观。

科技创新在园林绿化的策划与设计阶段发挥着不可或缺的作用。设计师借助计算机辅助设计软件和虚拟现实技术，将设计理念以更加生动直观的形式展现出来，对景观结构和植被搭配进行精细调整，从而提高设计方案的实用性和艺术性。此外，借助生态模拟和气候预测技术，我们能够更精确地预测绿化成效及其对生态环境的长期影响，确保园林项目在施工过程中既注重环境保护，又遵循可持续发展的理念。

科技创新在施工与维护环节扮演着极其重要的角色。例如，运用无人机进行植被监测和病虫害防治，能够迅速发现问题并实施有效措施，从而增强绿化植被对病虫害的抵抗力。此外，通过生物工程技术培育出的新型植物种类，以其出色的适应性和稳定的生长性能，已经在广泛应用中取得了成效。这些创新举措极大地提高了园林绿化项目的生态效益，促进了可持续发展的实施进程。

在未来的园林绿化领域，智能化与信息技术的融合将成为趋势。随着人工智能、大数据和云计算等前沿技术的持续进步，园林管理将迈入智能化和精细化的新纪元。这一阶段将能够根据实际需求实施精准养护管理，并打造个性化的景观设计方案。此外，生物技术和材料科学的发展也将为园林绿化注入新活力，提高绿化工作的质量和效率，为城市居民营造一个更加舒适和宜居的生活空间。

（三）未来园林绿化的科技发展趋势

未来的园林景观建设将主要聚焦于数字化和智能化这两个关键领域。随着物联网、大数据以及人工智能技术的持续进步，园林绿化的智能化程度和便捷性将显著增强。展望未来，园林的规划与管理工作将依靠传感器网络和数据分析技术，对植物的生长状况、土壤湿度、光照等关键环境参数进行即时监控与调整，从而提高绿化工作的效率与品质。VR 和 AR 技术的应用也将给园林设计和规划带来革命性的变革，使人们能够更加直观地感受和预览园林项目的最终效果。引入生物科技也是未来绿化领域的一大趋势，如利用基因编辑技术培育更具观赏性和更强适应力的植物品种，以提升园林景观的吸引力和生态效益。同时，开发与应用更为环保的材料也将受到关注，旨在降低园林建设和维护对环境的不良影响。园林绿化的未来发展将更加重视可持续性和生态平衡，而科技创新将成为推动其发展的核心动力。

三、国际合作在园林绿化领域的实践与展望

（一）国际合作项目案例分析

城市园林绿化的关键推动因素之一是国际合作的具体应用。观察国际合作的成功案例，我们可以看到不同国家在园林绿地建设方面的合作取得了显著成效。比如，中国与新加坡在园林规划与建设方面的携手合作，借鉴了新加坡在园林管理方面的先进技术和经验，极大地推动了中国城市绿化的发展，显著提升了中国园林绿化的质量。同时，德国、荷兰等欧洲国家在可持续发展的框架下进行合作，共同探索城市绿化与生态保护的融合之道，为欧洲城市的绿色发展注入了新的活力。这些国际合作不仅提高了参与国在园林绿化的能力，更为全球城市绿化进程提供了宝贵的经验。对这些案例进行深入分析，有助于我们理解国际合作在城市园林绿化中的重要作用，并为未来国际合作提供参考和指导。

（二）国际合作对本土绿化的影响

在我国城市园林绿化的推进过程中，国际合作发挥着极为重要的作用。通过与各国开展合作，我国城市得以借鉴和引进国际先进的绿化实例与技术，极大地推动了我国绿化事业的发展水平。比如，借助一些国际合作项目，我们成功引入了世界一流的绿化技术和管理模式，使我国在园林设计、施工及养护等方面取得了显著成效。同时，国际合作还促进了各国间的经验交流与资源共享，为我国解决绿化工作中遇到的问题和挑战提供了有力支持。在全球合作伙伴的共同努力下，我国绿化事业已融入世界绿化发展的潮流，正稳步朝着可持续发展的方向

迈进。

（三）提升国际合作效能的策略

提升国际合作效率的关键在于加强跨国沟通与协作机制。构建常态化的交流体系，促进各国在城市园林绿化的知识和经验交流，有助于减少沟通障碍，增强合作效果。此外，搭建多边合作架构，鼓励各国园林管理机构参与，整合各国智慧和资源，共同推动城市园林绿化的发展。同时，人才培养和交流也是提升国际合作效率的重要手段。通过加强学者、专家和专业人才的互访和交流，促进人才资源的互动合作，共同促进园林绿化的技术创新和理念更新。最后，建立基于信任的合作关系是提高国际合作效率的基础。各国合作伙伴应遵守合作协议，明确合作目标和责任，以确立稳固和长期的合作关系，推动城市园林绿化领域的持续进步。

四、城市园林绿化面临的机遇

（一）当下城市园林绿化的机遇分析

目前，城市园林绿化的进展迎来了众多利好时机。

一方面，随着人们对生态环境保护意识的提升，城市园林绿化作为改善城市生态环境的核心手段受到了广泛关注。

另一方面，城市绿化已经成为评估城市品质的重要指标，吸引了众多投资和政策的支持。除此之外，城市园林绿化的推进不仅提升了城市形象，也为市民提供了众多休闲娱乐的空间，推动了健康生活理念的普及。同时，科技的发展和创新技术的运用，为城市园林绿化的设计、建设和养护提供了新的可能性。

最后，国际交流与合作在城市园林绿化领域的深入，为我国的城市绿化带来了国际化的视野和经验，推动了我国绿化水平的全面提升。

（二）政策环境对园林绿化的支持与限制

城市园林绿化的发展受到政策环境的双重作用，既受到推动也面临限制。政府在这一进程中发挥着关键作用，既通过政策和法律提供财政支持和依据，激发企业和民间资本投入绿化建设，又通过规划和管理的职能，引导绿化工作沿着科学和可持续的路径发展，确保绿化与环境保护、城市可持续发展的目标相一致。然而，政策环境并非总是被支持，一些政策实施难度较大、监管力度不足，这削弱了绿化规划的实施效果；此外，政策间的潜在冲突也亟待一个更加统一和协调的政策框架来解决。显然，政策环境对城市园林绿化的双重作用是我们必须关注并不断优化的关键议题。

五、园林绿化在城市可持续发展中的角色

（一）园林绿化与城市生态平衡

在城市发展的过程中，园林绿化发挥着不可替代的作用，它是维持城市生态平衡的关键部分。通过扩大绿化面积和引入多样化的植物，推动城市园林绿化的进程，可以有效提升空气质量，降低有害物质的浓度，同时吸收二氧化碳并释放氧气，为市民营造一个空气清新、宜人的居住环境。另外，园林绿化还能有效调节城市气温，减轻热岛效应，增强居住舒适度。科学规划城市绿化空间，不仅有助于提升居民的生活品质，也有利于维护城市生态平衡，推动城市生态环境的持续和谐发展。

（二）园林绿化在改善城市气候中的功用

园林绿化在改善城市气候方面发挥着至关重要的作用。通过增加绿色植被的覆盖面积，城市绿化能够有效地缓解热岛效应，改善城市的热环境。特别是树木和草坪，它们通过蒸腾作用有助于降低周围的气温，减少空调的使用，缓解夏季高温带来的不适。同时，植物在光合作用过程中释放氧气，吸收二氧化碳，有助于提高空气质量，减少空气中的污染物含量，从而提升居民的生活水平。除此之外，园林绿化还能减少土壤侵蚀，增强水土保持能力，净化雨水，保护水资源，进一步增强城市的生态平衡。面对当前城市所面临的气候变化和环境污染问题，园林绿化的重要性日益凸显，为营造宜居的城市环境提供了坚实的保障。

（三）园林绿化与城市社会经济进步之间的相互联系

在城市宏伟的发展蓝图中，园林绿化扮演着不可或缺的角色。一方面，园林绿化的持续发展极大推动了城市旅游业的繁荣，其迷人的自然风光吸引了众多游客纷至沓来，这不仅提升了城市的声誉和魅力，也激发了产业链的活力，促进了地方经济的迅猛增长。另一方面，园林绿化项目的建设与维护为城市就业市场带来了丰富的就业机会，有效提升了就业率，优化了社会经济结构。同时，绿化水平的提高也带动了周边房地产价值的攀升，促进了房地产行业的繁荣，为城市的经济增长注入了新动力。园林绿化的改进还极大提升了居民的生活品质，改善了居住环境，减轻了环境污染，增强了居民的幸福指数，有助于社会的和谐稳定和经济的可持续发展。因此，园林绿化的提升与城市的社会经济发展紧密相连，它是推动城市可持续发展的核心环节。

第三节　应对策略

一、提出适应性管理策略

（一）适应性管理在城市园林绿化中的应用

在城市园林绿化领域，适应性管理是一种至关重要的战略手段，它主要针对城市在发展过程中遭遇的诸多不确定性与变动情况。该管理模式注重灵活性与快速响应，旨在保障城市绿化工作能够紧跟环境、社会及政治经济条件的变化，进行适时调整与优化。借助适应性管理，园林绿化项目能够更加灵活地适应不断涌现的新需求与挑战，进而提高管理效率及项目的可持续性。该管理的核心在于持续学习与调整，以适应环境和社会需求的不间断变化。另外，适应性管理还强化了城市园林绿化项目应对突发状况和潜在风险的能力，确保了城市绿化系统的稳定性和长期可持续性发展。

（二）案例分析：适应性管理策略的成功实践

在城市园林绿化的实践中，采取适应性管理策略对于提高绿化效果和优化城市生态环境发挥着至关重要的作用。通过分析具体案例，我们可以更深入地理解适应性管理策略的实际应用及其带来的正面效应。以某特大城市为例，在其园林建设过程中，当地政府依据气候条件和土地资源情况，综合实施了植被种植、水系规划及景观建设等措施，旨在应对环境变化的需求。这些措施不仅显著增加了城市的绿化面积，还在改善空气质量、提升居民生活条件方面取得了明显成效。适应性管理策略通过精确满足不同区域的具体需求，显示了其显著的效果。此外，这种策略能够根据绿化进程的具体情况及时调整，确保了绿化工作的持久性和灵活性。尽管适应性管理策略的实施面临一些挑战，比如对实时监测数据的依赖和对专业人才的渴求，这些问题需要在实践中不断寻找解决之道。成功的适应性管理策略实践，不仅为其他城市的园林建设提供了参考，也展示了其在提升绿化成效和城市环境质量方面的巨大潜力。

（三）适应性管理策略的优势与局限

在城市绿化管理领域，适应性管理策略因其卓越的灵活性和对环境变化的快速适应能力而备受青睐。这一策略使得管理者能够依据实际情况及时调整管理措

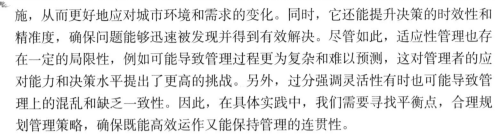

施，从而更好地应对城市环境和需求的变化。同时，它还能提升决策的时效性和精准度，确保问题能够迅速被发现并得到有效解决。尽管如此，适应性管理也存在一定的局限性，例如可能导致管理过程更为复杂和难以预测，这对管理者的应对能力和决策水平提出了更高的挑战。另外，过分强调灵活性有时也可能导致管理上的混乱和缺乏一致性。因此，在具体实践中，我们需要寻找平衡点，合理规划管理策略，确保既能高效运作又能保持管理的连贯性。

二、跨部门协作的框架设计

（一）跨部门协作的必要性与机制构建

在城市园林绿化工作中，跨部门合作发挥着极其关键的作用。各部门的通力合作能够整合资源，共同制定目标与政策，极大提高园林绿化工作的效率与品质。为了构建高效的跨部门协作体系，首要之策是明确各部门在园林绿化领域的职能与专长，建立起相互信任的合作关系。其次，定期开辟沟通渠道和建立信息交流平台至关重要，以确保信息畅通无阻，便于各部门迅速响应并处理潜在问题。此外，明确工作流程和责任分工也是必要的，这样每个部门都能明确自己在园林绿化中的职责和目标，从而推动协作的顺畅进行。最后，构建一套完整的监督与评价机制，定期对跨部门协作的效果进行审查和调整，对于确保协作机制的持续有效性至关重要。采取这些措施，有助于打造一个高效运行的跨部门协作体系，从而推动城市园林绿化工作实现更加卓越的成效。

（二）有效的跨部门沟通与决策流程

在城市景观战略的实施上，跨部门间的有效沟通与决策机制发挥着核心作用。确保各机构间顺畅合作，明确沟通渠道和决策流程显得尤为关键。这涉及定期举行会议、交流项目进展情况，以及促进信息与资源的共享。这样的做法不仅能增加决策的透明度，营造出一个协同合作的氛围，而且有助于相关部门简化工作流程，对城市景观项目作出更加明智的选择。同时，让各部门的关键利益相关者参与到决策过程中，可以集结不同领域的专业知识和视角，从而形成更全面、更具可持续性的策略。综上所述，整合多元化的观点和资源，共同向着既定目标努力，一个高效的跨部门沟通与决策机制对于成功执行城市景观战略极为重要。

（三）跨部门协作的挑战及对策

在城市园林绿化项目实施过程中，跨部门间的协作往往面临着诸多挑战。信息的不对等是造成沟通不畅和决策效率低下的主要原因之一。此外，部门间的利益冲突和权力竞争也不时成为协作的绊脚石。加之各部门职责和目标各异，协同工作的方向和重点难以统一，进一步增加了合作的复杂性。为破解这些协作难题，可以采取多项措施来加强部门间的合作。建立常态化的跨部门沟通机制，以便信息的顺畅流通和观点的充分交流至关重要。同时，明确各部门的职能定位和共同目标，打造一个以信任为基础的合作平台。此外，制定明确的决策流程和责任划分，确保决策的高效与执行力。这些策略的落实将有助于克服跨部门协作的困难，推动城市园林绿化项目高效、顺利地进行，并提升整体成效。

三、公众教育与参与

（一）提高公众环境意识的策略

为了提高公众对环境保护的认识，城市园林部门需实施一连串策略。首先，通过举办环保讲座、展览及相关专题活动等以环境保护为核心内容的宣传活动，提升公众对环保重要性的理解。其次，运用各类媒体渠道，如社交媒体、电视、广播等，广泛宣传环保知识和理念，吸引大众对环境问题的关注。此外，学校应设立环境教育课程，从小培养学生的环保意识，帮助他们树立正确的环保观念。同时，鼓励志愿者参与植树造林、垃圾分类等环保活动，让公众亲身参与环境保护实践，增强他们的环保意识和责任感。最后，建立定期的环境意识调查体系，了解公众对环境问题的认知程度和态度，以此为基础，制定更具针对性的教育措施，不断推进公众环保意识的提升。

（二）公众参与园林绿化的方式与效果

众多市民正以丰富多样的形式积极参与到城市绿化活动中，涉及的途径包括互动式规划、社区园艺、志愿服务和环保教育等众多领域。在互动式规划中，居民就绿化项目提出自己的观点和意见，从而使他们的声音在项目初期就得到充分考虑，这不仅提升了规划的民主性，也增强了项目的可持续性。社区园艺活动深入居民生活，通过种植树木、养护花草等活动，唤起居民对绿化工作的热情，增强他们的环保意识。志愿服务吸引了众多行业人士的参与，他们以志愿者的身份投身绿化项目，为绿化工作提供了人力和宣传的支持，注入了新的活力。在环保教育方面，通过举办知识讲座、宣传活动和校园园艺课程，旨在提升公众对园林绿化的认知，激发他们的参与热情。这些多元化的参与方式，不仅推动了城市绿化的健康发展，也使公众对环境保护的重要性有了更深入的理解和认同。

在园林绿化领域，公众的积极参与展现出多样化的参与方式，并在实际操作中取得了卓越成效。首先，这种参与促进了社区的凝聚力与居民的主人翁意识，增强了邻里间的交流与合作，共同塑造了一个互帮互助、资源共享的社区环境。

其次，公众的积极参与对于保障园林绿化项目的可持续性至关重要，得到了社区成员的广泛认同与支持，从而有利于项目的长期推进与维护。此外，居民的参与显著提升了环保意识，增强了他们对环境保护的责任感，激发了更多人参与到环保活动中来，助力社会向可持续发展目标迈进。通过这种途径，公众的参与不仅美化了城市景观，还促进了社会和谐与进步。

（三）案例研究：公众教育在园林绿化中的应用

在推动园林绿化发展的过程中，公众教育的地位至关重要。通过高效的公众教育手段，可以提升市民对环境保护和绿化工作的理解，增强他们的环保意识，点燃他们的参与激情。例如，某城市在推进园林绿化项目时，政府相关部门实施了一系列的公众教育活动，包括绿化知识的普及讲座和动员志愿者加入绿化实践等。这些活动不仅让市民对园林绿化有了更深刻的理解，也激励了更多的市民投身绿化工作，增强了社区的环保意识。这个例子明确地揭示了公众教育在园林绿化领域的重要作用，它有效推进了城市绿化的进程，优化了环境，改善了生态状况。

四、城市园林绿化应对策略的政策支持

（一）相关政策的概述与分析

城市园林绿化的高效推进，离不开政策的坚实支持。深入解读和精准分析相关政策措施，是确保绿化项目顺利进行的关键环节。政策的制定和执行情况，直接关系到绿化工作的成效与质量。通过对政策的细致阐述和深刻探讨，我们能够更清晰地认识到其对城市园林绿化的推动作用，并为未来提升绿化质量奠定坚实基础。在制定绿化政策时，我们需要紧密结合城市实际情况和需求，全面考虑当地的气候特点、历史文化及社会发展需求，以形成具体可行的政策措施。在政策分析过程中，还需要评估执行效果及可能遇到的挑战，这将为政策的持续优化和调整提供重要参考。此外，政策的连续性和稳定性在政策概述与分析中同样重要，只有保持政策的连贯性和发展性，才能促进城市园林绿化的长期稳定发展。

（二）政策对提升园林绿化质量的作用

政策对于提高园林绿化品质具有多方面的积极作用。首先，通过制定统一的城市绿化标准和流程，政策确保了绿化工作的规范化，进而提升了整体的绿化质量。其次，政策明确了各相关部门的职能和责任，加强了部门间的沟通与合作，避免了责任不清、相互推诿的现象，从而提高了绿化工作的效率。此外，政策还规范了绿化项目资金的分配与使用，确保了资源的合理配置和高效利用，提升了

工作效能和项目成效。同时，政策的出台还能激励和引导企业及机构积极参与城市绿化，吸引更多的社会资本投入，推动绿化事业的快速发展。总之，政策在提高园林绿化质量方面扮演着极其重要的角色，是城市绿化事业可持续发展的关键支撑。

（三）政策实施的挑战与建议

在城市园林绿化的实际操作过程中，政策的贯彻实施遇到了不少难题。最为突出的便是监管机制的不完善，它直接导致了政策执行力度的削弱，从而对绿化成果的质量和数量产生了不利影响。另外，资源分配的不均衡也是一个显著的挑战，部分区域由于资金等关键资源的缺乏，使绿化政策的推行受阻，这进一步导致了城市绿化发展的不均衡。此外，绿化政策的更新与跟进也遇到了阻碍，随着社会进步和环境变化，绿化政策需要不断地调整以适应新的形势，但有些地方在政策更新方面显得较为迟缓。为了应对这些挑战，相关部门迫切需要采取措施，加强监管效能，优化资源分配，确保政策及时更新，以促进城市绿化事业的有序和可持续发展。

针对城市园林绿化所面临的挑战，以下建议可供参考。首先，构建并完善监管体系，对园林绿化政策的执行情况进行严格的监督与评价，以确保政策能够得到切实执行。其次，加大财政对园林绿化的支持力度，合理配置资源，保障各地区均能获得充足的资助，从而推动城市园林绿化事业的平衡发展。此外，政府部门需定期对现行园林绿化政策进行评价与修订，及时更新政策内容，以适应现状和需求的变化，确保政策的现实针对性和实施效果。这些措施有助于有效应对园林绿化工作中的难题，促进事业的持续与健康发展。

另外，在园林绿化相关政策的制定过程中，政府需充分聆听社会各阶层的声音，综合专家学者及公众的意见与建议，以此构建起广泛的社会共识，从而提高政策制定的科学性和精准性。同时，政府应当强化对园林绿化行业工作人员的培训和教育，提升其专业技术和服务水平，保障政策实施的效率和品质。这样的做法不仅能够让政策更加贴近实际需求，还能够提升政策执行的效果，推动城市园林绿化事业向着高质量发展的目标迈进。

最后，政府需积极构建与企业和民间组织的合作机制，共同推动城市园林绿化事业向前发展。通过与企业的紧密合作，政府可以借助其资源和技术优势，共同实施园林绿化项目，实现双方共赢，从而深化城市绿化工作的进展。此外，政府还应倡导社会组织和志愿者积极参与到绿化活动中来，发挥他们在社区服务与环境保护领域的积极作用，共同打造更加宜居的城市生态环境。这种合作模式不仅扩展了绿化工作的实施渠道，也提升了公众对绿化工作重要性的认识，形成了全社会共同参与、共同维护的积极氛围。

　　通过吸收这些建议和策略，政府在实施园林绿化政策的过程中能更有效地应对各种挑战，促进城市绿化事业的持续进步与提高。要确保政策的顺畅执行，不仅需要政府各部门之间的密切协作，更依赖于公众的广泛参与和支持。只有政府和市民共同努力，才能创造一个更加美丽、宜人的生活环境。这些措施的综合落实，不仅能提升城市绿化水平，还能增强居民的幸福感与归属感，共同营造一个和谐而宜人的城市家园。

第八章　未来展望

第一节　城市园林绿化发展趋势

一、城市园林绿化的发展历程

（一）城市园林绿化的历史回顾

城市绿化是推动城市进步的关键部分，它不仅美化了城市面貌，还承载了深厚的文化意义。在古代，绿化和园林艺术往往是贵族和皇室的特权，象征着地位和审美情趣。中国的颐和园、圆明园等著名皇家园林，便是这种艺术与文化的典范，它们不仅展现了园林绿化的独特魅力，也体现了其在文化脉络中的重要作用。随着城市化的快速发展，绿化景观开始被纳入城市规划的蓝图之中，成为城市建设中不可或缺的组成部分。在现代化、工业化和环境污染的新形势下，城市绿化的发展路径正向着多元化和综合性转变。世界各地虽然有着各自独特的绿化发展模式，但共同追求的目标都是绿色、生态和可持续发展。

（二）现代城市园林绿化发展阶段

城市园林绿化的进程大体经历了几个重要的阶段。起初，在工业化浪潮中，城市绿化的主要目标是应对环境污染，提升居民生活质量，重点是增加绿地面积和提高绿化覆盖率。随着城市化的快速推进，绿化工作进入了现代化时期，此时更注重绿地的质量和多功能性，绿化建设与城市规划紧密融合，成为塑造城市特色的重要因素。到了 21 世纪，随着环境保护意识的增强和可持续发展理念的普及，城市绿化进入了新的历史阶段。在这个阶段，生态保护和资源的可持续使用受到了极大的关注，智慧园林、碳中和等创新理念的引入，为城市绿化的发展带来了新的机遇和挑战。这一系列的演变不仅反映了社会经济的进步，也展现了人们对美好生态环境的持续追求。

（三）对比分析国内外园林绿化趋势

分析国内外园林绿化的发展趋势对于推动城市园林绿化建设具有重要意义。在我国，随着城市化进程的加快和公民环保意识的增强，园林绿化已经成为城市规划的重要组成部分。我国园林绿化的主要发展动向可概括为以下三个方面：首先，注重融合传统文化与现代设计理念，以彰显传统园林的美学魅力和哲学意义；其次，强调生态环境保护，追求人与自然的和谐共生；最后，倡导绿色发展理念，助力构建可持续的城市环境。在这一趋势的指导下，我国在城市改造、公共空间布局和生态景观规划等领域取得了显著成绩，不仅美化了城市环境，还大幅提升了居民的生活品质。

在国际视野中，国外的园林绿化发展更加强调技术创新、可持续性以及城市绿色基础设施的融合。在发达国家，园林绿化的实施普遍侧重于智能技术的应用，通过构建智能化园林来提高管理效率和生态效益。此外，这些项目广泛融入可持续设计原则，重视生态平衡与资源的循环利用，旨在打造一个生态友好、宜居宜业的城市环境。这些举措不仅显著提升了城市的环境质量，还为居民营造了一个更加健康、宜人的生活空间。

二、智慧园林概念及其技术构成

（一）智慧园林的概念界定

智慧园林是一种创新的城市园林绿化理念，其核心是运用高科技手段实现绿化管理的智能化和信息化。这不仅仅是将科技融入园林绿化的简单过程，更重要的是依托数据收集、分析和应用，优化园林资源的利用与保护，以增强城市园林的可持续发展水平。智慧园林强调园林景观与人类生活的紧密联系，致力于营造一个宜居、智能、绿色的城市环境。构建智慧园林时，智能化系统设计、信息技术应用以及生态环境的保护与优化构成了其三大关键要素。这些要素相辅相成，既提高了园林管理的效率与品质，也为市民带来了更加优质的生活享受。

（二）智慧园林技术要素

构建智慧园林系统的核心在于集成多项关键技术，其中最为关键的四大技术支柱是传感器技术、物联网技术、大数据分析技术和人工智能技术。传感器技术是智慧园林建设的基础，能够实现对土壤湿度、光照强度、空气质量等环境参数的即时监测，为园林管理提供了精确的数据基础。在此基础上，物联网技术的应用通过互联网实现设备间的互相连接，极大地提升了园林管理的智能化程度和作业效率。大数据分析技术能够对传感器收集的海量数据进行分析处理，为管理者提供了决策依据，助力资源的优化配置与管理策略的改进。人工智能技术则在智慧园林中发挥决策支持和预测功能，通过分析历史数据为园林管理提供科学依据，推动管理过程向高效智能化方向发展。这四大技术的融合运用，为智慧园林的建设与进步奠定了坚实的技术基础。

（三）智慧园林技术应用现状

在城市园林绿化的建设与进步中，智慧园林技术的作用不可或缺。随着科技进步和智能化步伐的加快，智慧园林技术已渗透到城市绿化建设的每个细节。智能灌溉系统，作为关键组成部分，利用传感器和自动控制技术，能够根据植物的实际需水情况智能调整灌溉量，实现精准供水，提高了水资源的使用效率，减少了水资源的无谓浪费。智慧园林技术还涵盖智能照明系统，通过光照传感器和智能控制器的配合，自动调节亮度，以适应外界光线的变化，既节能又提升了绿地景观效果。智能垃圾桶管理系统也是智慧园林技术的重要应用，这些垃圾桶有内置传感器和压缩设备，能够自动检测垃圾容量并进行压缩，减少垃圾收集频率，提升清洁效率，同时改善了城市的环境卫生条件。总体而言，智慧园林技术的运用为城市园林绿化的管理提供了高效智能的解决方案，推动了城市绿化建设智能化进程的发展。

三、可持续设计原则在城市园林绿化中的应用

（一）可持续设计的基本原则

在城市园林绿化中，可持续设计的核心理念包含了经济、社会和环境三大原则。其中，经济性原则着重于确保设计方案在建设与维护过程中的成本效益和持久性，要求精心评估投资与回报，实现资源的最大化利用。社会性原则聚焦于设计如何提升居民的生活品质、维护文化传统和促进社会互动，强调必须尊重当地文化特色和社会需求，以增强社区的团结性和包容性。环境性原则着重于最大限度地减少对自然环境的干扰，倡导生态平衡和生物多样性保护，鼓励使用可再生材料和节能技术，减轻对环境的负担。这三个方面的基本原则若能得到有效贯彻，将有力推动城市园林绿化向更加可持续的方向迈进。

（二）城市园林绿化中可持续设计的实践案例

在城市绿色发展的征途上，坚持可持续设计理念显得尤为关键。众多城市实践案例的深入探索与具体实施，充分展示了其巨大的发展前景。以伦敦为例，其"绿色通道"计划成为成功的典范。该计划通过在城市中构建绿色通道，把分散的绿地和公园连接起来，不仅为市民提供了休闲娱乐和健身的理想场所，还促进

了城市生态系统的健康发展。同样，新加坡的"天空花园"项目也利用了都市中的高楼屋顶进行绿化，增加了城市的绿色空间，改善了城市微气候，提高了居民的生活质量。此外，日本的"都市耕作"计划创新性地将农业引入城市，利用城市闲置空地进行耕种，实现了绿化与食品生产的有效结合，为城市带来了新的活力。这些成功的案例有力地证明，将可持续设计原则应用于城市园林绿化中，不仅能够优化城市生态环境，提升居民的生活质量，还能有效地促进城市生态平衡的可持续发展。

（三）可持续设计对园林绿化的影响分析

可持续设计是城市园林绿化领域中的关键理念，其应用对园林绿化产生了深远的影响。首先，可持续设计促进了园林绿化项目中的生态保护和生物多样性提升。通过采纳生态友好的设计理念，园林绿化项目能够有效保护和恢复当地的生态系统，增强城市绿地的生物多样性，促进植物的健康成长，改善整体生态环境质量。可持续设计在园林绿化项目中扮演着关键角色，它不仅促进了资源的节约和能源利用效率的提高，还实现了环境的可持续性。通过精心规划绿色空间的布局、引入节水系统、采用环保材料等手段，有效降低了资源消耗，提升了能源使用效率，减少了园林项目对环境的影响。此外，可持续设计还鼓励社区成员积极参与和对本地文化的传承。通过发动社区共同参与设计、维护，以及挖掘和利用当地的文化遗产，园林绿化项目得以更好地融入社区生活，激发居民对园林建设与管理的热情，同时保护和弘扬地区文化特色。总体而言，可持续设计在生态保护、资源节约和社会参与三个方面对园林绿化产生了深远影响，为城市园林绿化的持续发展提供了坚实的支持。

四、碳中和目标下的园林绿化策略

（一）碳中和背景下的园林绿化意义

在碳中和成为全球热议话题的当下，园林绿化的重要性愈发凸显，其紧迫性不容忽视。作为城市生态系统中不可或缺的部分，园林绿化在降低二氧化碳浓度、改善空气质量、平衡城市气候及提升生物多样性等方面发挥着多重积极作用。在全球气候变暖挑战面前，园林绿化是实现碳中和目标中不可替代的力量。通过科学的城市绿化规划和高效管理，我们不仅能有效降低碳排放，还能极大提升城市环境，优化居民生活水平，推动生态平衡的可持续发展。在此背景下，园林绿化不仅是城市美观的点缀，更是推动城市绿色转型、实现低碳生活方式的关键路径。

（二）园林绿化在碳排放中的角色

城市绿化在减少碳排放方面扮演着至关重要的角色。作为城市生态环境的重要组成部分，公园、花园及道路两侧的绿化带通过光合作用吸收二氧化碳，充当着关键的碳汇功能。这一过程有助于减缓温室效应，有效降低城市整体的碳排放水平。此外，城市绿化对于改善空气质量也具有显著效果，它能够过滤空气中的污染物和颗粒物，间接提升环境质量并减少碳排放。同时，城市绿化还能有效缓解城市热岛效应，通过降低城市温度，减少建筑物的空调能耗，从而减少与能源生产相关的碳排放。总体而言，城市绿化不仅直接吸收二氧化碳以降低碳排放，还通过为城市生态系统带来的多样化环境效益间接影响碳排放，对于促进城市实现绿色低碳发展具有重要意义。

（三）碳中和目标实现路径

在实现碳中和目标的过程中，城市园林绿化发挥着举足轻重的作用。为了高效地推进这一进程，我们需要采取一系列有效措施。首先，扩大城市绿化面积，增强碳汇功能，以更有效地吸收大气中的二氧化碳，减少温室气体排放。其次，选择适合的植物种类，如树木和灌木，这些植物在其生长过程中能大量吸收二氧化碳，促进园林生态系统中碳的循环利用。此外，积极倡导生态园林理念，运用生态复合系统，提升园林绿地的生态效益，通过植物生长和有机物形成，推动碳元素的循环。在园林设计阶段，要充分考虑植被布局和树种选择，以充分发挥园林绿地的碳吸收潜力。同时，利用智慧园林技术对园林绿地进行精细化管理与监控，提高碳中和效率，确保碳中和目标的顺利实现。这些举措不仅有助于降低碳排放，还能优化城市环境，维护生态平衡，为我国的可持续发展贡献力量。

第二节　战略规划：制定长期发展目标和实施路径

一、城市园林绿化战略规划的原则

（一）生态平衡原则

城市园林绿化战略规划的核心准则是生态平衡原则。该原则着重强调，在进行城市园林绿化的规划与执行过程中，必须高度重视生态系统的平衡与稳定。具体而言，这要求我们在维护城市绿地系统时，应充分关注各类生物、植物及自然元素之间的相互联系和互动，以保证生态系统的健康与持续活力。在制定城市园林绿化战略规划时，应充分考虑生态平衡原则，运用科学的方法和技术，保障城市绿地的生态环境质量，促进生物多样性的保护和生态系统的可持续发展。遵循生态平衡原则，不仅能够提升城市绿化的品质和持久性，还能为市民提供优质的居住环境和休闲空间，促进城市的可持续发展，实现人与自然的和谐共生。

（二）公众参与原则

在城市园林绿化战略规划过程中，公众的积极参与是一项根本原则。作为城市的居住者和日常使用者，公众的参与不仅有助于他们更深入地理解并支持绿化工作，还能为规划决策带来多元和广泛的视角及建议。在拟定城市绿化规划时，我们应当大力倡导公众参与，采取举办听证会、座谈会、问卷调查等多种方式，鼓励社区居民、专家学者和行业人士等共同加入到规划制定中，全面搜集各方面的意见与建议。这样的做法不仅提升了规划的科学性与适用性，同时也增强了规划的持续性和社会的认可度。实施公众参与原则，能够打造一个开放、民主、透明的城市绿化规划体系，推动城市绿化事业沿着更加健康、可持续的路径前进。

（三）持续发展原则

在城市园林绿化的长远布局中，可持续发展理念扮演着至关重要的角色，它是维护绿化事业持续稳定发展的根本保障。伴随着城市的持续扩张，绿化工作必须与城市的其他发展因素相融合，推动城市向全面、均衡及可持续的方向发展。可持续发展的原则强调，在园林绿化的规划与实施过程中，要格外注重资源的节约使用与生态环境的保护，确保绿化活动既不破坏自然生态平衡，又能满足居民对美好生活环境的向往。在这一原则的指导下，城市园林绿化的任务才能在日新月异的城市环境中持续进行，为市民打造更加宜人、舒适的生活空间。

二、制定长期发展目标

（一）城市园林绿化的长期愿景

城市园林绿化的长期规划是实施城市可持续发展战略的关键环节，其目的在于营造一个宜居宜游的生态环境，以提升居民的生活水平。这一规划需要具备前瞻性和实用性，紧密结合城市具体状况，注重生态平衡、文化遗产的继承及社会共享价值的提升。在制定该规划时，我们必须全面审视城市发展的全局和未来方向，确立园林绿化在城市建设总体布局中的地位与作用。通过确立明确的长期目标，我们能够为城市园林绿化的持续发展指明方向，推动城市向更加绿色、健康、可持续的方向发展。

（二）目标的具体化与量化

在城市园林绿化的长远规划中，制定清晰而具体的长期目标极为关键。确立具体而量化的目标，是促进绿化工作顺利进行的关键环节。首先，为确保这些目标的实现，需要将其细化为明确可行的具体任务。这样做有助于相关部门和机构更精确地理解目标要求与执行步骤，从而有针对性地进行规划和执行。其次，目标的量化对于衡量完成情况和效果具有重要意义。通过设置量化指标，我们可以准确地监控目标实施的过程和成效，及时调整策略和措施，保障城市绿化工作能够持续稳定地朝着既定目标发展。

在规划城市园林绿化的长远发展蓝图时，务必紧密结合城市的现实状况和未来发展方向。长远的战略愿景应与城市的总体发展定位及环境特色相协调，既要满足人民群众对高品质生活的向往，同时也要重视生态保护，推动城市持续发展。具体来说，可以围绕增加绿地面积、优化生态环境、推动生态文明建设等多个层面设定长期目标，旨在全面提升城市园林绿化的工作水平。通过这些目标的实施，不仅能够强化城市的生态功能，还能提高居民的生活品质，为城市的长期繁荣打下坚实的基础。

进行目标可行性分析是制定长远发展战略的核心环节。在确立目标时，我们必须综合考虑资源分配、技术支持、政策优惠等多方面实际因素，确保目标的实施既可行又持久。通过对城市园林绿化的现状和潜在挑战进行细致评估，我们可以更准确地设定长期目标，避免目标过高或过低，确保其科学性和实施的有效性。只有依托于细致的可行性分析，长期发展目标才能有效地引领并推动城市园林绿化工作的不断进步。

（三）目标的可行性分析

在城市园林绿化的长远规划中，进行目标的可实现性评估至关重要，这是确保绿化策略得以有效执行的前提。在评估目标是否可行时，必须采取多角度分析的方法。首先，要确保绿化目标与城市总体发展战略和规划保持一致，并能切实提升城市生态环境与居民生活质量。其次，要考虑实施这些目标的具体条件，如资金保障、人力资源、物资支持及技术背景是否充分。同时，也要预判在执行过程中可能遭遇的难题与挑战，并提前规划应对方案，确保目标的顺利达成。此外，可行性分析还应涵盖政策、经济、社会和环境等多方面的影响因素，对绿化目标进行全面评价，保障规划的科学合理与操作可行。通过这样周密的可行性分析，我们能够确保制定的长期发展目标既满足现实需求，又具备实施基础，为城市的持续发展奠定坚实的基石。

三、实施路径规划

（一）短期实施计划与步骤

在城市绿化战略的制定中，短期实施计划扮演着至关重要的角色。制订这样的计划时，需要综合考虑现有的资源状况、市政管理的相关规定以及公众的实际需求，以确保绿化工作的有序和高效进行。首要任务是明确短期时间框架，通常设定为 1—3 年。然后，依据项目的紧迫性、重要性和可实施性，对绿化项目进行优先级排序。同时，必须保证项目的科学性与合理性，避免盲目跟风或过度开发。实施过程一般分为几个关键阶段：首先是项目启动阶段，包括项目审批、现场调查、需求评估和方案设计等前期准备工作；其次是项目执行阶段，涉及施工准备、植被种植和绿化施工等具体实施环节；最后是项目评估与总结阶段，对绿化成效进行评价和反馈，以便对未来的工作进行优化和改进。通过细致规划短期实施策略和明确的执行步骤，可以有效推动城市绿化工作的顺利开展，并确保实现既定的绿化目标。

（二）中期目标与策略

在城市园林绿化战略规划中，确立中期目标和策略具有关键性作用。基于长期发展目标的制定，中期目标应更加明确且便于操作，以便稳健地向长期目标迈进。这些中期目标需与长期发展目标保持协同，同时紧密结合当前城市园林绿化的实际情况和发展阶段，确保通过实现中期目标，为达成长期目标打下坚实的基础。采用这样的规划方法，中期目标不仅展现了城市园林绿化发展过程中的重要阶段性成果，同时也为长期目标的顺利达成提供了持续的动力和坚强的支持。

在设定中期目标的过程中，对城市园林绿化的现实需求和现状进行深入剖析至关重要。这些目标不仅要与城市的总体发展规划保持一致，还要能够切实解决当前的环境问题。为实现这些目标，制定合适的策略至关重要。这些策略应与中期目标紧密对接，细化具体的行动方案和执行步骤，涵盖资源配置、时间安排、责任分配等关键方面。借助周密的策略规划，我们可以确保中期目标的实施更加有序和高效，为城市园林绿化的长期发展打下牢固基础。

在规划城市绿化中期发展目标与策略时，我们必须预见到不同阶段可能出现的变数和挑战，并做好应对准备。这要求我们实施一种灵活应变的策略，以便能依据实际情况及时优化和调整中期目标及其执行方案。这样做可以确保城市绿化工作的稳定推进，并取得实质性成果。采取这种具有高度适应性和调整能力的策略，有助于有效应对各种不确定性，保障城市绿化项目的顺利进行和成功完成。

在城市规划中期目标和策略时，必须充分重视城市居民的参与和反馈。居民的观点与建议对于推动城市绿化工作至关重要，这不仅有助于提升居民对绿化事业的认同感和参与度，还能激发他们对绿化活动的热情，进而促进城市园林绿化的顺利实施。因此，建立高效的信息交流渠道，与公众保持紧密沟通显得尤为关键。我们应当定期公布工作进展，积极征询居民的意见，营造良好的互动环境。通过这种方式，我们可以确保中期目标和策略更加贴近公众期望，更加有效地回应城市居民的需求，进而提高城市园林绿化工作的执行效率和成果。

在城市园林绿化的中期目标与战略执行过程中，重视与相关机构和部门的协作沟通至关重要。这项工作涵盖了多个领域，牵涉众多利益相关方，因此必须依托各方的共同协作，形成强大的推动力，保障工程的顺畅实施。在设定中期目标和战略时，应细致考虑各方的利益和合作意愿，积极寻求多元化的参与和支持，构建起合作网络，共同促进城市园林绿化的健康发展。通过加强不同部门和行业间的协作，我们能更有效地整合资源，应对各种复杂问题，确保城市园林绿化项目稳步推进。

（三）长期发展规划

在城市园林绿化的战略设计中，长远的规划起着至关重要的作用。在制定这一规划时，我们必须聚焦于城市未来发展的方向和需求，明确园林绿化的战略方向和目标。规划内容应当详尽、实操性强，与城市的实际情况和资源条件紧密相连，综合考虑社会、经济、环境等多方面的因素，确保规划能够顺畅实施，达成预设目标。在整个规划过程中，我们需要明确规划的时间框架，详细规划每一项具体内容和执行步骤，为城市园林绿化的长期发展奠定坚实的基础。这样的规划不仅要满足当前的园林需求，更要适应未来城市发展的步伐，促进园林绿化的持续与和谐发展。

四、城市园林绿化战略的管理与监控

（一）项目管理体系构建

在城市园林绿化的战略规划中，构建高效的项目管理体系扮演着核心角色。这一体系对于指导、监管和评估项目的实施进程至关重要，它保障了项目能够顺利推进并达成预定目标。在搭建项目管理体系的初始阶段，确立项目的组织架构和责任划分是关键，这有助于各相关部门或团队明确自己的任务和目标，促进团队间的协作。同时，构建一个高效的沟通系统同样必不可少，它有助于确保信息的流畅传递和共享，防止信息孤岛和沟通不畅的问题。项目管理体系还应包含合理的决策机制和简洁的审批流程，以保证决策的科学性和审批的效率。此外，建立一个全面的绩效评估体系对于激发参与者积极性、提高工作效率也是至关重要

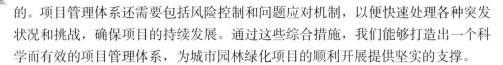

的。项目管理体系还需要包括风险控制和问题应对机制，以便快速处理各种突发状况和挑战，确保项目的持续发展。通过这些综合措施，我们能够打造出一个科学而有效的项目管理体系，为城市园林绿化项目的顺利开展提供坚实的支撑。

（二）风险评估与应对措施

在城市园林绿化的战略规划阶段，进行风险评估是不可或缺的重要环节。为了确立长期发展目标与规划实施的明确路线，我们必须细致分析并评估所有潜在风险因素，从而有效地面对未来可能出现的困难和挑战。首要工作是对可能影响园林绿化进程的风险因素进行准确识别，包括自然灾害、资金短缺、政策调整及社会反对等。对于每一种风险，我们都需制定出针对性的应对策略和应急计划，以减轻不确定性带来的不良影响。此外，建立和优化风险管理体系，对于确保园林绿化战略规划的顺利实施和持续发展至关重要。这一系列措施将提升园林绿化项目应对风险的能力，保障项目的稳定进展和长远成功。

（三）效果评价与反馈机制

在城市园林绿化的战略规划过程中，效果评价与反馈环节的作用至关重要。在实施规划的过程中，对各项措施及其成效的持续评估显得尤为重要。这一评估工作应当综合考虑园林绿化的生态效益、经济效益和社会效益，旨在建立一个全面而科学的评价指标体系。通过定期评估，我们能够及时发现问题并针对性地解决，确保城市园林绿化能够依照预定计划持续、稳健地发展。同时，建立一个高效的反馈机制，鼓励大众参与监督和评价，收集他们的反馈与建议，有助于提升园林绿化管理的透明度和公众参与度。这样一个评价与反馈体系不仅推动着园林绿化战略规划的持续改进，还保障了其高效和可持续执行，为达成城市绿化工作的长期目标提供了有力支持。

第三节　人才培养

一、当前城市园林绿化人才培养的现状分析

（一）国内外园林绿化教育体系对比

在中国，园林绿化的教育体系主要由高等教育机构承担，涵盖园林设计、植物学、园艺工程等众多专业领域。这一体系注重融合理论与实践，致力于培育学生的专业技术和创新能力。近期，国内园林绿化教育推崇跨学科的教学方法，旨在拓宽学生的知识领域，满足行业发展的多样化需求。这种教学模式不仅显著提

升了学生的综合素养，更为园林绿化行业的创新发展提供了有力的人才支持。

在园林绿化教育领域，国际教育体系相较于国内更加重视实际操作和全球视野的培养。海外的许多高等学府在课程设计上表现出极大的灵活性，将实际案例和项目融入教学，使学生得以在真实环境中学习和实践。同时，国外园林教育特别强调培养学生的创新意识和团队协作技能，以应对社会多样化的挑战。此外，该教育体系还倾向于提供多元化的跨学科课程，让学生有机会在多个学科领域学习，拓宽知识视野。这种教育模式不仅提升了学生的动手能力和问题解决能力，也为他们未来的职业道路奠定了坚实的基础。

在分析国内外园林教育体系时，可以发现两者均具备各自的优势及需要改进的地方。国内园林教育在专业技能的培育上继承了丰富的传统和悠久的历史，但在跨学科融合及全球视野的拓宽上仍需进一步努力。而国外园林教育则更加重视学生实际操作能力和全面素质的提高，但同样需要注意课程内容与行业现实需求的衔接，防止理论知识过于繁重而忽视了实践的重要性。显然，国内外教育体系可以相互借鉴对方的优点，以弥补自身的短板，共同促进园林专业人才培养质量的提升。此类教育上的交流与合作不仅能够丰富教学手段和内容，还能更有效地满足行业发展需求，培养出更多具有国际竞争力的园林专业人才。

（二）园林绿化行业对人才的需求与现有教育体系的差距

园林绿化学科融合了园艺学、环境设计学、生态保护学等多个学科领域的知识，是一个多学科交叉的综合性专业。该行业对人才的需求既广泛又强调专业性。然而，目前的教育体系在培养适应园林绿化行业发展需求的人才方面仍面临一些挑战，这些问题主要反映在以下几个层面：

首先，教育领域与园林绿化行业的快速进步之间显现出知识更新的不匹配现象。随着人们对于绿色生态理念认识的逐步深入，该领域对于创新技术、新型材料以及先进理念的需求越来越迫切。但遗憾的是，某些教育体系在更新相关教学内容方面进展缓慢，这使得学生难以获得与时代同步的前沿知识和技能。

其次，园林绿化行业的快速发展对从业者的全面能力提出了更高的要求，这不仅包括创新思维和团队合作精神，还涉及多领域知识的灵活运用等多个方面。然而，当前教育体系往往偏重理论知识的传授，对于学生实际操作能力和综合素质的培养则相对不足，这导致许多毕业生在进入职场后面临了不少挑战，发展过程中也遭遇了诸多限制。

此外，随着园林绿化领域不断向智能化和数字化转型与深入，对从业者的技术素质要求也在逐步提升。然而，当前教育体系在智能化、数字化教育及人才培养方面仍显不够完善，课程设置和师资力量均需进一步强化。这种现状可能导致学生在未来职场中面临技术能力短缺的挑战，进而削弱其就业竞争力。

因此，随着园林绿化行业加速智能化和数字化转型的步伐，对从业人员的技术素养要求正日益提高。目前，我国教育体系在智能化、数字化教学及人才培养方面还存在不足，课程内容和教师队伍建设亟待加强。这种情况可能会让学生在步入职场后遭遇技术能力不足的困境，从而影响他们的就业竞争力。

（三）成功案例与存在的问题

在园林绿化的教育和人才培养领域，存在许多成功的教育模式值得我们借鉴。例如，有些高等学府与绿化企业携手合作，为学生提供了在学习期间参与实际项目的机遇，这样的教学模式极大地增强了学生的动手能力和团队协作精神。同时，某些职业教育机构利用实战演练和案例分析等教学方式，帮助学员更深刻地理解并掌握专业知识，有效提升了培训效果。然而，这个领域也面临着一些难题。部分院校的教学内容与实际操作存在差距，缺乏与行业实际需求相对应的课程设置；一些培训机构过于强调理论教学，忽视实践操作的重要性，导致学员在工作经验上存在不足。此外，人才培养机构之间缺乏高效的信息交流和资源共享，导致了教育资源的浪费和重复建设。为了解决这些问题，我们必须强化各方合作，优化教育资源配置，提高人才培养质量，确保教学内容能够与行业发展需求保持同步。

二、跨学科教育在园林绿化人才培养中的作用与挑战

（一）跨学科教育的内涵及其必要性

在园林绿化领域人才培养的过程中，跨学科教育扮演了一个极其关键的角色。这种教育模式融合了不同学科的知识、观念和方法，旨在培养学生具备跨领域思考和解决问题的能力。园林专业教育通过跨学科教学，使学生有机会全面掌握植物学、环境科学、设计艺术等领域的精髓，从而拓宽知识视野，提高综合素质。同时，跨学科教育也有助于激发学生的创新思维，增强团队合作能力，使他们更有信心应对未来园林行业的挑战。因此，跨学科教育不仅是一种知识传授方式，更是推动学生全面发展的有效手段。

在当今园林绿化领域人才培养的过程中，跨学科教育的地位日益凸显。作为一项融合了生态学、文化学、设计学等多个学科的综合性工作，园林绿化对从业者提出了掌握跨学科知识体系和思维模式的要求，以应对不断涌现的复杂挑战。跨学科教育使学生能够在不同学科之间构建桥梁，提升他们的知识整合能力，从而增强其解决问题的全面性和创新能力。园林绿化的实际操作通常需要考虑多方面的因素，跨学科教育为学生提供了更为宽广的思考空间，帮助他们成长为具备多样化特质的复合型专业人才。

此外，跨学科教育不仅能够有效唤起学生的学习热情，还能激励他们更主动地投入到园林绿化领域的探索与研究中。通过这种教育模式，学生可以打破常规学科的界限，拓宽学术视野，培育出自学的技能。这种全面而多维度的学习方式有助于点燃学生的创新思维和求知欲，为他们将来在园林绿化领域的成长打下坚实的基础。因此，跨学科教育的核心价值及其在当前园林绿化专业人才培养中的关键作用，已成为不可分割的组成部分。

（二）成功的跨学科教育模式分析

在培养园林绿化人才的过程中，跨学科教育的成功模式至关重要。该模式让学生接触多领域的知识和技能，通过整合学习，拓宽视野，全面提升能力。一个高效的跨学科教育体系需要平衡理论与实操，重视创新思维和团队协作的培养。利用跨学科教学，学生能深刻理解园林绿化工作的多样性，提高问题解决和跨领域合作的能力。此外，加强实践环节，让学生在实际项目中应用所学，增强动手能力和现实问题解决能力。同时，邀请行业专家担任实践导师，结合学术研究和工程项目，使学生紧跟行业发展趋势，为未来职业挑战做好准备。

建立成功的跨学科教育模式，需要教师团队的不懈努力和协作精神作为支撑。在课程设计与教学实践中，教师必须打破学科壁垒，融合各自专长，为学生营造一个多元且生动活泼的学习氛围。同时，教师还需不断充实自己的知识体系与教学手段，紧跟时代步伐，保障教学内容既具有前瞻性又符合实际应用需求。此外，学校与企业之间的紧密合作也是实现高效跨学科教育的重要环节。学校可以吸纳行业专家参与课程设计与教学，使学生有机会了解行业的最新动态和实际案例，进而深入认识行业需求和未来趋势。通过与企业的合作，学校还能为学生提供实践项目和行业资源，助力学生将理论知识与实际技能相结合。实施这些策略，有助于全面提升学生的综合素质和就业竞争力，使他们能够更好地适应行业发展的多样化需求。

跨学科教育模式的成功，离不开学生的主动投入和自学能力。学生需树立跨学科学习的观念，积极挖掘不同学科之间的内在联系和共通点，培养自身的综合素质和创新性思维。同时，注重团队协作能力的培养，与不同背景的同学携手合作，共同面对问题，实现互利共赢。在课堂之外，学生们还应积极参与实践活动，拓宽视野，提高实际操作技能，为将来的职业生涯奠定坚实基础。只有教师、学校和学生三方共同努力，才能打造出成功的跨学科教育模式，为培养园林绿化人才创造更多可能性和机会。

（三）跨学科教育在园林绿化人才培养中遇到的挑战

在培育园林绿化领域人才的过程中，实施跨学科教育模式遭遇了不少挑战，这些挑战主要集中在打破学科壁垒，促进知识的融合与交流上。首先，由于不同学科的教学体系和课程设置存在较大差异，如何有效整合这些学科知识，确保学生的全面成长，已成为一项亟待解决的问题。其次，跨学科教育对教师提出了更高的要求，需要他们具备跨学科背景，但目前大多数教师只专注于单一学科，缺乏跨学科的教学经验和技能。此外，学生对跨学科教育的接受度和兴趣也是一个挑战，他们可能对非本专业领域的知识缺乏兴趣，从而影响学习效果。同时，学校之间以及与相关机构之间缺少高效的跨学科合作机制，这限制了教育的进一步发展。最后，跨学科教育的评价标准和质量监控体系尚需完善，缺乏统一的评价方法，使得学生跨学科学习的成果难以客观评价。为了应对这些挑战，学校、教师和学生需要共同努力，构建一个长期有效的跨学科教育机制，以加强学科间的交流与合作，从而提高园林绿化人才的培养质量和成效。

三、国际交流在提升园林绿化人才国际视野中的作用

（一）国际交流项目的现状与趋势

随着全球化进程的不断推进，国际交流在培养园林绿化学科人才方面扮演着日益重要的角色。世界各国在园林绿化的交流与合作方面表现得更为积极。目前，这些国际交流项目展现出多样化的特点，并呈现出一些明确的趋势。首先，众多国家和地区纷纷启动了针对园林绿化学科人才的交流项目，这些项目不仅包含学术研讨，还涉及实际操作和技能培训等多个层面。其次，得益于信息技术的飞速发展，在线教育和远程培训已成为培养国际园林绿化学科人才的新趋势。通过网络平台，学习者得以跨越地域界限，享受到全球范围内的优质教育资源。此外，国际园林绿化学科人才的交流正向多级别、全方位的方向发展，涵盖了不同层次和专业领域的合作与交流。这种多元化的交流模式有效地拓宽了学生的国际视野，提升了他们的跨文化沟通能力和综合素质。展望未来，随着全球园林绿化学科的持续发展，国际交流项目在培养园林绿化学科人才方面将发挥更加重要的作用，成为提高人才培养质量的关键途径。

（二）国际交流成功案例分析

在园林绿化领域的人才培育中，国际交流的成功实践为我们提供了极具价值的参考和启示。例如，中国北京林业大学与美国佛罗里达大学之间的合作项目便是此类典范之一。这个项目让学生有机会在两所名校之间进行学习交流，不仅拓宽了他们的国际视野，也使他们接触到了不同国家的园林管理与绿化技术。这种国际交流模式在培养学生的全球观念和跨文化交际能力方面起到了积极作用，使他们在未来的园林绿化工作中能更好地面对国际化挑战。同样，德国慕尼黑工业

大学与荷兰瓦赫宁根大学的合作项目也值得学习。该项目不仅包括学生交换学习，还涉及教师学术交流和科研合作，为培育园林绿化人才提供了全面的资源和支持。通过这种跨国合作，学生和教师能够从国际视角出发，学习和研究园林绿化的最新技术和理念，提升自身的专业素质和创新思维。这些成功的国际交流案例充分证明了跨国合作在培养园林绿化人才方面的重要性和价值，为其他教育机构开展类似项目提供了宝贵的经验。借鉴这些案例，我们将能更有效地设计和执行国际交流项目，推动园林绿化领域的人才培养和学科进步。

四、专业技能培训在园林绿化人才发展中的重要性

（一）园林绿化行业所需核心专业技能概览

专业从事园林绿化的人员必须掌握一系列关键技能，这些技能跨越了植物学、园艺学和景观设计等多个学科领域。首先，对植物学的深入理解是必备的基础，涉及对各类植物的特性、生长习性以及病虫害防治的全面了解。接着，园艺学的实践技能同样重要，包括植物种植技术、施肥与浇水、修剪与塑形等专业知识。此外，景观设计能力是评估园林绿化专业人士的关键指标，要求他们具备空间布局、色彩搭配和材料选择等方面的专业素养。

同时，园林绿化人才还需掌握环境生态学、土壤学、水利工程等相关学科的基本知识，以及绿化项目的管理、规划与执行能力。在实际操作过程中，他们应展现出创新思维和团队合作精神，能够独立分析问题并提出解决方案，同时具备优秀的沟通能力和客户服务意识。因此，为了适应行业发展的需求，培养园林绿化人才时应全面系统地教授这些核心技能，确保他们能够应对行业中的各种复杂挑战。

（二）专业技能培训的现状与不足

专业技能培养在园林绿化行业的人才培育中占据着核心地位。然而，目前该领域培训仍面临一些显著挑战。一方面，某些专业技能培训的课程设置与教学方法与现实实践存在差距，未能及时反映行业的最新进展，导致受训者在职场上不具备充分的竞争优势。另一方面，有些培训机构因师资力量和教学资源有限，难以提供高质量的教学服务，从而影响了人才培养的质量。此外，专业技能培训缺乏统一的标准和规范，使得培训效果参差不齐，不能确保每位学员都能获得必要的技能提升。随着园林绿化行业的快速进步，现行培训体系往往不能及时调整，导致人才技能与市场需求之间存在较大缝隙。总体而言，当前的园林绿化人才专业技能培训面临着与现实脱节、资源不足、缺乏统一标准以及与市场需求不匹配等问题。为解决这些问题，我们需要不断更新培训内容，提升培训品质，增加师

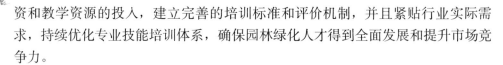

资和教学资源的投入，建立完善的培训标准和评价机制，并且紧贴行业实际需求，持续优化专业技能培训体系，确保园林绿化人才得到全面发展和提升市场竞争力。

（三）提高技能培训效果的方法与策略

为了提升园林绿化人才的专业技能培训效果，可以采取多种方法和策略。首先，建立一个完善的培训体系至关重要。通过制定详细且系统的培训大纲和计划，确保培训内容全面覆盖园林绿化领域的各个技能点，从而提高培训的针对性和实用性。其次，引入先进的教学手段和技术，例如虚拟仿真技术、在线课程等，能够增强培训的趣味性和互动性，激发学员的学习积极性。通过这些措施，不仅可以提高培训的质量和效果，还能更好地满足学员的个性化学习需求，为园林绿化行业培养更多高素质的专业人才。

其一，操作实践是提升培训效果的核心途径。通过指导学员投身于具体的园林绿化工程项目，他们能够将在课堂上所学的理论知识和实际操作相结合，从而加深对专业技术内涵的理解和运用。同时，与企业联合开展实习项目，为学员提供了接触实际职场的机会，培养了他们解决现实问题和应对职业挑战的能力。这种方法不仅增强了学员的动手操作技能，而且有助于他们更好地适应未来职业发展的需求，提高他们在就业市场的竞争力。

其二，在教育培训过程中，注重个性化和差异化的教学策略至关重要。鉴于每位学员的学习特性和能力水平各不相同，我们必须为他们定制独特的培训方案。通过运用多样化的教学方法和工具，例如小组研讨、案例分析及个性化辅导等，目的是满足学员个性化的学习需求，进而增强培训效果。这种方法不仅能够唤起学员的学习热情和参与度，还能确保每位学员都能在符合自己特点的学习道路上获得明显的成长，以实现最终的培训目的。

其三，构建一个高效的评估机制对于提升技能培训效果极为关键。通过定期的测试与评估，我们能够迅速发现学习者之间的差异和所遇到的挑战，从而有针对性地采取措施进行优化和改进，确保培训效果的可衡量性和持续性。同时，借鉴国际先进的评价标准和手段，可以增强评价的严格性和公正性，保证评价结果的公正与准确。这样的评价系统不仅促进了学员学习水平的持续提高，而且为培训项目的持续改进提供了坚实的数据库支持。

其四，提高技能培训效果的关键在于加强教师团队的建设。培训机构应当专注于培养园林绿化的专业人才，积极吸引和聘请既有丰富实践经验又有教学资历的专家教授，打造卓越的教师队伍。同时，还应定期组织教师参与行业培训和学术交流，以持续提升他们的教育教学水平和质量。这些措施不仅能够确保培训课程具有前瞻性和实际应用价值，还能为学员提供高品质、高水准的教育服务，从而有效提升园林绿化人才的总体素质和市场竞争能力。

五、园林绿化人才培养的政策支持与制度建设

（一）政策环境对园林绿化人才培养的影响

政府制定的相关政策对园林绿化人才的培养起到至关重要的作用。这些政策不仅决定了人才培养的质量和效率，而且还影响着整个行业的发展。首先，政府的政策导向有助于高等院校和培训机构调整和优化课程设置与教学内容，使其更符合园林绿化领域的现实需求，进而为社会输送更多符合市场需求的专业人才。其次，政策的扶持和资金投入是提高园林绿化人才培养质量的关键因素。政府的倾斜政策和资金支持可以鼓励相关教育机构增加对人才培养的投入，提升教学质量和科研水平。此外，政策对园林绿化人才的职业发展和机会也产生了重大影响。政策的引导和规范为人才提供了更清晰的发展方向，有助于他们的个人成长和行业的稳定发展。总的来说，政府的政策环境在园林绿化人才的培养过程中发挥着核心作用，为行业的长期发展提供了坚实的基础。

政府政策环境对园林绿化行业人才培养的国际化进程有着极大的推动作用。依托于国与国之间的合作协议和政策支持，我们能够有效地促进该领域人才的国际交流和合作，为人才成长提供更广阔的视野和更多的机会。国家层面的政策对接和支持有助于降低国际人才流动的障碍，推动人才培养向国际化方向发展。政府的政策不仅直接影响园林绿化人才培养政策的制定和执行，而且在引导和构建整个行业生态方面发挥着至关重要的作用。政府对园林绿化人才培养的影响是多方面的，不仅包括人才培养的质量、规模和结构，也决定了行业的发展方向和长远规划。通过营造一个良好的政策环境，政府能够为园林绿化领域培养出更多具有国际视野和竞争力的专业人才，推动行业的持续发展。

政府在园林绿化领域的人才培养方面发挥着关键性作用，必须不断完善相关政策和法规体系，提高对人才培养的财政投入和支持。同时，政府应积极推动高等教育机构和职业培训机构与行业的深度融合，确保人才培养与行业需求保持一致。此外，政府还需加强对人才培养机构的监管和评估，以保证人才培养质量满足行业标准与市场需求。通过实施这些政策支持和制度建设，政府将为园林绿化领域的人才发展创造有利环境，助力行业人才队伍建设达到新的水平。

（二）国内外成功的政策支持案例

政策支持在培育园林绿化人才方面扮演了举足轻重的角色，它是维持这个行业稳健发展的关键支柱。通过参考国内外成功的例子，我们积累了宝贵的经验和深刻的洞察。以我国为例，政府发布的《城市园林建设规划纲要》等政策文件，

明确表达了对培养园林绿化人才的高度关注和支持。政府通过加大资金投入、设立奖学金、促进高校与企业合作等措施，有效地促进了园林绿化人才的培养和成长。在欧洲，荷兰等国家的成功做法也值得我们借鉴。他们依靠完善的教育体系和政策支持机制，为培养园林绿化人才提供了良好的环境。荷兰在园林绿化教育领域一直保持世界领先地位，这得益于政府对该专业长期的持续支持，鼓励学生参与实际项目，提升实际操作能力。这些成功的案例都指向一个共识：有力的政策支持和制度保障是推动园林绿化人才培养及其行业发展的核心力量。

美国政府通过设立专项资金、开展行业研究以及实施专业人才培养项目等措施，成功推动了园林绿化学科人才在多元化和专业化方面的进步。同时，国际机构如联合国环境规划署也在全球范围内积极推动园林绿化学科人才的交流与合作，通过国际项目合作和各类研讨会等活动，帮助各国在这一领域共同进步。在政策层面，世界各国正不断深化对园林绿化学科人才培养政策体系的探讨与完善，为行业的长期发展奠定了牢固的基础。

（三）关于优化政策环境的几点建议

第一，构建完整的政策法规框架，明确园林绿化人才培养的指导思想、基本原则和政策目标，确保为培养高素质的园林绿化人才提供有力的政策支撑。

第二，深化与相关部门的沟通与协作，建立健全政策制定、执行及监督的联动机制，保障园林绿化人才培养政策的有效落实。

第三，政府需加大对园林绿化人才培养的财政支持力度，提高教育培训的品质与效能，以培养更多具备专业素质的园林绿化人才。

第四，政策制定者应关注人才培养的现实需求，紧跟行业发展趋势与特色，及时调整政策内容，增强政策的实际应用性和针对性。

第五，政府应鼓励社会各界参与园林绿化人才培养，推动产业、学术、研究与实际应用相结合，形成多元化的行业人才培养合作模式。

第六，促进园林绿化人才培养的高质量发展，共同努力完善和优化行业人才培养体系。

六、未来园林绿化人才培养的趋势与展望

（一）科技进步对园林绿化学科领域内专业人才的需求产生的重要影响

其一，随着科技的快速进步，园林绿化行业面临新的挑战与机遇，对从业者的专业素质提出了更高要求。

其二，在智能化和数字化技术广泛应用的今天，传统的园林绿化人才技能已不能满足现代社会的需求。

其三，新时代的园林绿化人才必须掌握数字化技术，并能运用多种软件工具进行设计、规划和管理工作。

其四，园林绿化人才需要具备操作和维护智能化设备的能力，以熟练使用各类智能园林设备。

其五，园林绿化人才应掌握网络化管理技能，对信息化管理系统的操作和维护有深刻理解。

其六，从业者应具备绿色科技创新能力，将绿色科技理念融入创新设计和实际操作中。

其七，在培养园林绿化人才的过程中，应注重提升其科技应用能力，同时加强创新精神和实践技能的培养。

其八，教育部门应引导学生适应科技发展的新趋势，为园林绿化行业培养更多全面、专业的高素质人才。

在培养园林绿化专业人才的过程中，学校与企业之间应当深化合作，共同建立校企合作实习基地，确保学生有足够的实际操作经验。通过参与实际工作，学生能够接触前沿的科技和设备，进而提高他们的动手能力和职场适应能力。此外，院校还需持续优化园林绿化专业课程设置，融入与科技进展紧密相关的课程，例如数字化园林规划、智能化园林设施维护等，以此来拓宽学生的学习资源和职业发展机会。

在选拔和培养园林绿化专业人才时，注重对学生全面技能的培养至关重要，特别是创新思维和团队协作能力的塑造。这个行业需要的不仅仅是技术熟练的个人，更需要具备创新意识、团队合作精神和跨学科整合能力的多样化人才。因此，培养园林绿化人才应涵盖课程设计、实习教学以及学校与企业之间的合作等多个层面，全面增强学生的综合素质及适应行业发展需求的能力，以满足行业对高素质人才的大量需求。

（二）秉持绿色可持续发展理念下的人才培养方向

在推进绿色可持续发展的今天，培养高素质的园林绿化专业人才显得尤为关键。这些人才不仅需要具备对生态环境全面深刻的理解，还要致力于保护生态系统的平衡和稳定。在教育过程中，应重视培养学生的创新思维和绿色设计能力，以满足城市发展日新月异的需求。同时，注重教授绿色技术的应用和生态环境保护意识，让人才在现实工作中能够妥善解决生态环境问题。此外，增强团队协作和跨学科沟通能力的培养，塑造具有多元化背景的人才，以促进园林绿化领域的创新与发展。最后，加强职业道德和责任感的培育，确保人才在职业生涯中坚守行为规范，为推动绿色可持续发展做出积极贡献。

（三）长期发展策略与整体布局

在园林绿化人才培养领域，制定长期发展规划和战略布局至关重要。首先，针对未来园林绿化行业发展的趋势和需求，需要建立健全的长期发展规划，明确人才培养的重点和方向。其次，战略布局应该注重整合资源，构建多方合作的平台，促进人才培养模式的创新和实践。在这一过程中，科技发展应被充分运用，以提升人才培养的效率和质量。同时，紧跟绿色可持续发展理念，将环保、生态与人文因素融入人才培养体系，培养具有综合素养的园林绿化专业人才。通过长期发展规划和战略布局，园林绿化人才培养方能更好地满足行业发展的需求，为城市绿化事业的可持续发展贡献力量。

参考文献

[1] 林君，林红，林波．我国城市园林绿化管理的问题与建议 [J].科技创新导报，2008（03）：91.

[2] 郭正波，朱鹏飞．对当前城市园林绿化管理的几点思考 [J].科技创新导报，2008（21）：117.

[3] 唐燕，胡冠伟，易娟，等．城市园林绿化养护存在的问题及对策 [J].现代农业科技，2012（17）：174.

[4] 向姣．现代城市园林绿化养护管理面临的问题及对策分析 [J].居舍，2020（05）：122.

[5] 吴是逢．对城市园林景观施工与道路绿化养护管理的分析 [J].现代园艺，2020，43（10）：179—180.

[6] 张建．城市山林公园园林绿化养护要求和要点——以南京市清凉山公园为例 [J].南方农机，2020，51（04）：210.

[7] 袁云娟．城市园林绿化养护管理过程中存在的问题及对策分析 [J].现代园艺，2020，43（20）：195—196.

[8] 周丽蓉．浅谈现代城市园林绿化养护管理存在问题及对策 [J].林业勘查设计，2020，49（01）：27—30.

[9] 徐明蕖．城市园林绿化公共管理视域下的园林绿化公众宣传思考 [J].花木盆景（花卉园艺），2022（06）：72.

[10] 尹潇．论城市社区公园园林规划设计、绿化工程施工与管理 [J].工程建设与设计，2019（03）：38—40.

[11] 李懂文．降低城市园林绿化养护成本及提高养护水平的思考 [J].中国市场，2020（03）：31.

[12] 邹萍秀，曹磊，王焱，等．海绵城市理念在校园风景园林规划设计中的应用——以天津大学北洋园校区为例 [J].中国园林，2019，35（08）：72.

[13] 王寒英．精细化绿化养护管理在城市园林建设中应用研究 [J].现代园艺，2020（04）：135.

[14] 陆小成．城市绿化管理精细化模式研究——以北京市为例 [J].管理学刊，

2012，25（05）：91.

[15] 侯晓蕾，齐岱蔚 . 探讨风景园林规划中的生态规划途径——以镜湖国家城市湿地公园为例 [J]. 中国园林，2006（03）：49—56.

[16] 郑德保 . 高校绿化养护合约商管理的质量控制与对策探析 [J]. 大众标准化，2022（24）：37—39.

[17] 夏海兵，王建伟 . 基于数字孪生的园林绿化建设与管理应用研究 [J]. 绿色建造与智能建筑，2022（12）：28—31+35.

[18] 武文婷，包志毅，汤庚国 . 城市绿化经营的现状和优化策略 [J]. 江苏农业科学，2010（05）：253—255.

[19] 林广思 . 我国园林绿化行政管理体系调查与分析 [J]. 中国园林，2012，28（05）：34—37.

[20] 陈博，王小平 . 世界城市园林绿化管理及相关政策调研 [J]. 绿化与生活，2016（11）：21—26.

[21] 卢秋艳 . 城市园林绿化管理问题及应对策略 [J]. 绿色科技，2019（13）：116—117.

[22] 赵旭 . 在园林绿化中精细化管理对园林景观的影响 [J]. 北京农业，2015（11）：18.

[23] 宋丽芳 . 绿化养护精细化管理模式探析 [J]. 现代农业科技，2015（13）：232—233.

[24] 王勇 . 园林绿化养护精细化管理对园林景观的影响 [J]. 江西农业，2017（01）：80.

[25] 水青霞 . 园林绿化养护精细化管理对园林景观的影响 [J]. 区域治理，2020（02）：192—194.

[26] 余筱珍 . 城市绿化管理精细化模式研究 [J]. 新经济，2015（35）：81.

[27] 倪俊挺 . 精细化理念在城市绿化管理中的应用研究 [J]. 乡村科技，2018（13）：77—78.

[28] 李铭 . 南京市城市绿化维护经费的分析和探讨 [J]. 东南大学学报（哲学社会科学版），2010，12（S2）：93—96.

[29] 张晓军 . 城市园林绿化数字化管理体系的构建与实现 [J]. 中国园林，2013，29（12）：79—84.

[30] 郑帆 . 城市园林绿化的精细化管理措施探讨 [J]. 现代园艺，2016（08）：177.

[31] 赵彩君，白伟岚 . 从国外绿化评价体系看运用管理手段促进室外环境改善技术集成 [J]. 中国园林，2017，33（04）：82—86.

[32] 张莉 . 浅析昆明市西山区城市绿化精细化管养工作 [J]. 花卉，2017（12）：

75—77.

[33] 张庆全，刘禹鑫．基于 3S 的城市园林绿化精细化管理服务平台的设计与研究 [J]．测绘与空间地理信息，2017，40（02）：136—138+142.

[34] 王向阳．城市园林绿化精细化管理的实践与探讨 [J]．现代经济信息，2018（08）：157.

[35] 布和．园林绿化施工的有效管理和控制措施 [J]．花木盆景（花卉园艺），2022（12）：52—53.

[36] 刘杨．农村绿化建设与管理研究 [J]．农村经济与科技，2022，33（22）：65—68.

[37] 周文娟．城市园林绿化景观设计与养护管理 [J]．城市建筑空间，2022，29（11）：139—141.

[38] 王浩，赵永艳．城市生态园林规划概念及思路 [J]．南京林业大学学报，2000（05）：85.

[39] 刘志强．基于城市安全的园林规划设计编制框架研究 [J]．中国园林，2011，27（06）：48—51.

[40] 张绿水，汪建华．浅谈发展我国节约型园林的技术途径及管理对策 [J]．生态经济，2010（04）：139.

[41] 季珏，汪科，王梓豪，等．赋能智慧城市建设的城市信息模型（CIM）的内涵及关键技术探究 [J]．城市发展研究，2021，28（03）：65—69.

[42] 刘文雅，岳安志，季珏，等．基于 DeepLabv3+ 语义分割模型的 GF-2 影像城市绿地提取 [J]．国土资源遥感，2020，32（02）：120—129.

[43] 丁军军．城市绿植养护数字化管护平台的资源统计方法 [J]．数字技术与应用，2022，40（02）：32—35.

[44] 陈群民，白庆华．新世纪中国城市信息化管理的探索 [J]．现代城市研究，2001（04）：19—22.

[45] 张晓军．城市园林绿化数字化管理体系的构建与实现 [J]．中国园林，2013，29（12）：79—84.

[46] 黄旭光．南宁市城市园林绿化数字化系统项目风险管理研究 [D]．南宁：广西大学，2017.

[47] 田朝晖，秦晓莉，范琰．"大数据时代，背景下智慧规划信息化平台的数据治理 [J]．科技创新与应用，2021，11（31）：25—28.

[48] 谢雪燕，陈娟．智慧城管档案信息化管理探索 [J]．山东档案，2021（06）：53—55.

[49] 常碧云，张玉雯．基于 CiteSpace 知识图谱分析的智慧园林研究 [J]．四川水

泥，2022（01）：43—44.

[50] 仇保兴．中国数字城市发展研究报告 [M]．北京：中国建筑工业出版社，2011.

[51] 郑健，卢凌．城市园林绿化数字化管理的实现路径分析 [J]．居舍，2018（07）：90.

[52] 许晓明．城市园林绿化数字化管理体系的构建与实现 [J]．城市建设理论研究（电子版），2018（12）：186.

[53] 曹世奎．新公共管理下城市公园的综合治理 [J]．绿色科技，2011（06）：155.

[54] 林广思，杨锐．我国城乡园林绿化法规分析 [J]．中国园林，2010，26（12）：29—32.

[55] 赵大军．谈城市园林绿化树木养护管理 [J]．黑龙江生态工程职业学院学报，2009，22（03）：22.

[56] 高小辉，陈林，赵艳．创新城区绿化建管方式促进杭州园林绿化可持续发展 [J]．中国园林，2009，25（12）：62—64.

[57] 丁少江，欧阳底梅．浅谈深圳市城市公共绿地管理的改革 [J]．中国园林，2001（4）：2.

[58] 师卫华，季珏，张琰，等．城市园林绿化智慧化管理体系及平台建设初探 [J]．中国园林，2019，35（8）：134—138.

[59] 季珏，许士翔，安超，等，新时期中国城市绿地管理方式的现状、问题及建议 [J]．中国园林，2020，36（6）：56—59.

[60] 李德智，朱诗尧．大数据时代下的城市精细化管理 [J]．现代管理科学，2018（12）：30—32.

[61] 翟文．居民共治自治：城市精细化管理的"绣花针" [J]．人民论坛，2018（9）：86—87.

[62] 耿路萌．城市园林绿化管理趋势与可持续发展 [J]．中国管理信息化，2015，18（10）：223.

[63] 邢旭，刘硕敏，高娃．呼和浩特市城市绿化管理现存问题与对策 [J]．科教导刊（中旬刊），2014（16）：220.